电气工程与电力系统及自动化技术研究

高 岩 刘文龙 王亚丽 ◎ 著

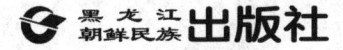

黑龙江朝鲜民族出版社

图书在版编目(CIP)数据

电气工程与电力系统及自动化技术研究 / 高岩, 刘文龙, 王亚丽著. -- 哈尔滨 : 黑龙江朝鲜民族出版社, 2024. -- ISBN 978-7-5389-2901-0

Ⅰ.TM

中国国家版本馆CIP数据核字第2024CD9201号

DIANQI GONGCHENG YU DIANLI XITONG JI ZIDONGHUA JISHU YANJIU

书　　名	电气工程与电力系统及自动化技术研究
著　　者	高　岩　刘文龙　王亚丽
责任编辑	姜哲勇
责任校对	李慧艳
装帧设计	韩元琛
出版发行	黑龙江朝鲜民族出版社
发行电话	0451-57364224
电子信箱	hcxmz@126.com
印　　刷	黑龙江天宇印务有限公司
开　　本	787mm×1092mm 1/16
印　　张	12
字　　数	184千字
版　　次	2024年12月第1版
印　　次	2025年4月第1次印刷
书　　号	ISBN 978-7-5389-2901-0
定　　价	48.00元

前　言

在当今这个科技日新月异的时代，电气工程与电力系统及其自动化技术作为推动社会进步和经济发展的重要力量，正以前所未有的速度蓬勃发展。随着全球能源结构的转型、智能电网的兴起以及人工智能、大数据等先进技术的深度融合，电气工程领域正迎来一场深刻的变革。

电气工程作为现代科技的重要支柱之一，其研究范围广泛，涵盖了电能的产生、传输、分配、控制和利用等多个方面。其中，电力系统作为电气工程的核心组成部分，是保障国家能源安全、促进经济社会发展的重要基础设施。随着全球能源需求的不断增长和能源结构的多元化，电力系统的安全性、可靠性和经济性面临着前所未有的挑战。因此，深入研究电气工程与电力系统的关键技术，优化其运行管理，提高能源利用效率，对于实现可持续发展目标具有重要意义。

自动化技术作为电气工程领域的重要分支，近年来取得了显著进展。随着计算机技术、信息技术、控制理论及人工智能等技术的不断融合与创新，电气工程及其自动化技术在工业控制、智能电网、电动汽车、微电网等领域的应用日益广泛。自动化技术的应用不仅提高了生产效率，降低了运营成本，还提升了系统的安全性和可靠性。因此，掌握电气工程及其自动化技术的最新成果，对于推动产业升级、促进技术创新具有重要意义。

本书在全面梳理电气工程与电力系统及其自动化技术发展历程的基础上，重点介绍了该领域的最新研究成果和技术进展。内容涵盖了电气自动化中的PLC控制系统、电气自动化控制中的人工智能技术以及电力系统中电气自动化技术运用等多个热点方向，为读者提供了前瞻性的思考视角。

在本书编写过程中，作者参考和引用了一些专家、学者的研究成果，在此向各位作者表示真诚的感谢。同时，囿于时间和水平有限，如存在疏漏之处，请广大读者不吝指正。

目 录

第一章 电气工程概述 ························1
第一节 电气工程的地位和作用 ··················1
第二节 电机工程 ························16
第三节 电力系统工程 ·····················22
第四节 电力电子技术 ·····················32
第五节 高电压工程 ······················37
第六节 电气工程新技术 ····················43

第二章 自动化概述 ························52
第一节 自动化的概念和应用 ··················52
第二节 自动化和控制技术发展历史 ···············54
第三节 自动控制系统的组成和类型 ···············59
第四节 自动化的现状与未来 ··················61

第三章 自动控制原理与应用 ····················69
第一节 自动控制理论的发展 ··················69
第二节 自动控制系统 ·····················71
第三节 工业以太网在自动控制中的应用 ·············85

第四章　电气自动化技术 …… 94

第一节　电气自动化技术的基本概念 …… 94
第二节　电气自动化技术的影响因素 …… 104
第三节　电气自动化技术发展的意义和趋势 …… 106

第五章　电气自动化中 PLC 控制系统 …… 111

第一节　PLC 控制系统介绍 …… 111
第二节　电气设备中 PLC 控制系统的特点 …… 117
第三节　电气设备中 PLC 控制系统运用分析 …… 120

第六章　电气自动化控制中的人工智能技术 …… 127

第一节　人工智能概述 …… 127
第二节　人工智能的特点 …… 137
第三节　人工智能技术在电气自动化控制中的应用 …… 148

第七章　电力系统中电气自动化技术应用 …… 154

第一节　电力系统中的电气自动化技术 …… 154
第二节　电气自动化技术在电力系统中的应用 …… 157
第三节　电气自动化技术在电力系统的应用实例 …… 162

参考文献 …… 183

第一章　电气工程概述

第一节　电气工程的地位和作用

一、电气工程在国民经济中的地位

电能是最清洁的能源，它是由蕴藏于自然界中的煤、石油、天然气、水力、核燃料、风能和太阳能等一次能源转换而来。同时，电能可以很方便地转换成其他形式的能量，如光能、热能、机械能和化学能等供人们使用。由于电本身具有极强的可控性，大多数的能量转换过程都以电作为中间能量形态进行调控，信息表达的交换也越来越多地采用电这种特殊介质来实施。电能的生产、输送、分配、使用过程易于控制，电能也易于实现远距离传输。电作为一种特殊的能量存在形态，在物质、能量、信息的相互转化过程，以及能量之间的相互转化中起着重要的作用。因此，当代高新技术都与电能密切相关，并依赖于电能。电能为工农业生产过程和大范围的金融流通提供了保障；电能使当代先进的通信技术成为现实；电能使现代化运输手段得以实现；电能是计算机、机器人的能源。因此，电能已成为工业、农业、交通运输、国防科技及人类生活的最主要的能源形式。

电气工程（Electrical Engineering，简称EE）是与电能生产和应用相关的技术，包括发电工程、输配电工程和用电工程。发电工程根据一次能源的不同可以分为火力发电工程、水力发电工程、核电工程、可再生能源工程等。输配电工程可以分为输变电工程和配电工程两类。用电工程可分为船舶电气工程、交通电气工程、建筑电气工程等。电气工程还可分为电机工程、电力电子技术、电力系统工程、高电压工程等。

电气工程是为国民经济发展提供电力能源及其装备的战略性产业，是国家工业化和国防现代化的重要技术支撑，是国家在世界经济发展中保持自主地位的关键产业之一。电气工程在现代科技体系中具有特殊的地位，它既是一些国民经济的基础工业（电力、电工制造等）所依靠的技术科学，又是另一些基础工业（能源、电信、交通、铁路、冶金、化工和机械等）必不可少的支持技术，更是一些高新技术主要科技的组成部分。既与生物、环保、自动化、光学、半导体等民用和军工技术交叉发展，又是能形成尖端技术和新技术分支的促进因素，在一些综合性高科技成果（如卫星、飞船、导弹、空间站、航天飞机等）中，也必须有电气工程的新技术和新产品。可见，电气工程的产业关联度很高，对原材料工业、机械制造业、装备工业，以及电子、信息等一系列产业的发展均具有推动作用，对提高整个国民经济效益，促进经济社会可持续发展，提高人民生活质量有显著的影响。因此，电气工程与土木工程、机械工程、化学工程及管理工程并称现代社会五大工程。

20世纪后半叶以来，电气科学的进步使电气工程得到了突飞猛进的发展。例如，在电力系统方面，20世纪80年代以来，我国电力需求连续20多年实现快速增长，年均增长率接近8%，预计在未来的20年电力需求仍需要保持5.5%~6%的增长率。在电能的产生、传输、分配和使用过程中，无论是其系统（网络），还是相关的设备，其规模和质量，检测、监视、保护和控制水平都得到了极大的提高。经过改革开放30多年的发展，我国电气工程已经形成了较完整的科研、设计、制造、建设和运行体系，成为世界电力工业大国之一。至2013年年底，我国发电装机容量首次超越美国位居世界第一，达到12.5亿kW，目前拥有三峡水电及输变电工程，百万千瓦级超临界火电工程、百万千瓦级核电工程，以及全长645km的交流1 000kV晋东南—南阳—荆门特高压输电线路工程、世界第一条±800kV特高压直流输电工程—云广特高压直流工程等举世瞩目的电气工程项目。大电网安全稳定控制技术、新型输电技术的推广，大容量电力电子技术的研究和应用，风力发电、太阳能光伏发电等可再生能源发电技术的产业化及规模化应用，超导电工技术、脉冲功率技术、各类电工新材料的探索与应用取得重要进展。同时，电子技术、计算机技术、通信技术、自动化技术等方面也得到了空前的发展，相继建立了各自的独立学科和专业，电气应用领域超过以往任何时代。例如，建筑电气与智能化在建筑行业中的比重越来越大，现代化建筑物、建筑小区，乃至乡镇和城市对电气照明、楼宇自动控制、计算机网络通信，以及防火、防盗和停车场管理等安全防范系统的要求越来越迫切，也越来越高；在交通运输行业，过去采用蒸汽机或内燃机直接牵引的列车几乎全部都被电力牵引或电传动机车取代，磁悬浮列车的驱动、电动汽车的驱动、舰船的推进，甚至飞机的推进都将大量使用电力；机械制造行业中机电一体化技术的实现和各种自动化生产线的建设，国防领域的全电化军舰、战车、电磁武器等也都离不开电。特别是进入 21 世纪以来，电气工程领域全面贯彻科学发展观，新原理、新技术、新产品、新工艺获得广泛应用，拥有了一批具有自主知识产权的科技成果和产品，自主创新已成为行业的主旋律。我国的电气工程技术和产品，在满足国内市场需求的基础上已经开始走向世界。电气工程技术的飞速发展，迫切需要从事电气工程的大量各级专业技术人才。

二、电气工程的发展

人类最初是从自然界的雷电现象和天然磁石中开始注意到电磁现象，古希腊和中国文献都记载了琥珀摩擦后吸引细微物体和天然磁石吸铁的现象。1600 年，英国的威廉·吉尔伯特用拉丁文出版了《磁石论》一书，系统地讨论了地球的磁性，开创了近代电磁学的研究。1660 年，奥托·冯·格里克发明了摩擦起电机；1729 年，斯蒂芬·格雷发现了导体；1733 年，杜斐描述了电的两种力——吸引力和排斥力。1745 年，荷兰莱顿大学的克里斯特和马森·布洛克发现电可以存储在装有铜丝或水银的玻璃瓶里，为纪念这一伟大发现，该装置被命名为"莱顿瓶"，也就是电容器的前身。

1752 年，美国人本杰明·富兰克林通过著名的风筝实验得出闪电等同于电的结论，并首次将正、负号用于电学中。随后，普里斯特里发现了电荷间的平方反比律；泊松把数学理论应用于电场计算。

1777 年，库仑发明了能够测量电荷量的扭力天平，利用扭力天平，库仑发现电荷引力或斥力的大小与两个小球所带电荷电量的乘积成正比，而与两小球球心之间的距离平方成反比的规律，这就是著名的库仑定律。

1800 年，意大利科学家伏特发明了伏打电池，从而使化学能可以转化为源源不断输出的电能。伏打电池是电学发展过程中的一个重要里程碑。

1820年，丹麦科学家奥斯特在实验中发现了电可以转化为磁的现象。同年，法国科学家安培发现了两根通电导线之间会发生吸引或排斥。安培在此基础上提出的载流导线之间的相互作用力定律，后来被称为安培定律，成为电动力学的基础。

1827年，德国科学家欧姆用公式描述了电流、电压、电阻之间的关系，创立了电学中最基本的定律——欧姆定律。

1831年8月29日，英国科学家法拉第成功地进行了"电磁感应"实验，发现了磁可以转化为电的现象。在此基础上，法拉第创立了研究暂态电路的基本定律——电磁感应定律。至此，电与磁之间的统一关系被人类所认识，并从此诞生了电磁学。法拉第还发现了载流体的自感与互感现象，并提出电力线与磁力线的概念。同年10月，法拉第创制了世界上第一部感应发电机模型——法拉第盘。

1832年，法国科学家皮克斯在法拉第的影响下发明了世界上第一台实用的直流发电机。

1834年，德籍俄国物理学家雅可比发明了第一台实用的电动机，该电动机是功率为15W的棒状铁芯电动机。

1836年，美国的机械工程师达文波特用电动机驱动木工车床，1840年又用电动机驱动印报机。

1845年，英国物理学家惠斯通通过外加伏打电池电源给线圈励磁，用电磁铁取代永久磁铁，取得了成功，随后又改进了电枢绕组，从而制成了第一台电磁铁发电机。

1864年，英国物理学家麦克斯韦在《电磁场的动力学理论》中，利用数学进行分析与综合，进一步把光与电磁的关系统一起来，建立了麦克斯韦方程，最终用数理科学方法使电磁学理论体系建立起来。

1866年，德国科学家西门子制成第一台自激式发电机，西门子发电机的成功标志着制造大容量发电机技术的突破。

1873年，麦克斯韦完成了划时代的科学理论著作——《电磁通论》。麦克斯韦方程是现代电磁学最重要的理论基础。

1881年，在巴黎博览会上，电气科学家与工程师统一了电学单位，一致同意采用早期为电气科学与工程作出贡献的科学家的姓作为电学单位名称，从而电气工程成为在全世界范围内传播的一门新兴学科。

1885年，意大利物理学家加利莱奥·费拉里斯提出了旋转磁场原理，并研制出二相异步电动机模型。1886年，美国的尼古拉·特斯拉也独立研制出二相异步电动机。1888年，俄国工程师多利沃·多勃罗沃利斯基研制成功第一台实用的三相交流单鼠笼型异步电动机。

19世纪末期，电动机的使用已经相当普遍。电锯、车床、起重机、压缩机、磨面机和凿岩钻等都已由电动机驱动，牙钻、吸尘器等也都用上了电动机。电动机驱动的电力机车、有轨电车、电动汽车也在这一时期得到了快速发展。1873年，英国人罗伯特·戴维森研制出第一辆用蓄电池驱动的电动汽车。1879年5月，德国科学家西门子设计制造了一台能乘坐18人的三节敞开式车厢小型电力机车，这是世界上电力机车首次成功的试验。1883年，世界上最早的电气化铁路在英国开始营业。

1809年，英国化学家戴维用2 000个伏打电池供电，通过调整木炭电极间的距离使之产生放电而发出强光，这是电能首次应用于照明。1862年，用两根有间隙的炭精棒通电产生电弧发光的电弧灯首次应用于英国肯特郡海岸的灯塔，后来很快用于街道照明。1840年，英国科学家格罗夫对密封玻璃罩内的铂丝通以电流，达到炽热而发光，但由于寿命短、代价太大不切实用。1879年2月，英国的斯万发明了真空玻璃泡碳丝的电灯，但是由于碳的电阻率很低，要求电流非常大或碳丝极细才能发光，制造困难，所以仅仅停留在实验室阶段，1879年10月，美国发明家爱迪生试验成功了真空玻璃泡中碳化竹丝通电发光的灯泡，由于其灯泡不仅能长时间通电稳定发光，而且工艺简单、制造成本低廉，这种灯泡很快成为商品。1910年，灯泡的灯丝由库甲奇改用钨丝。

1875年，法国巴黎建成了世界上第一座火力发电厂，标志着世界电力时代的到来。1882年，"爱迪生电气照明公司"在纽约建成了商业化的电厂和直流电力网系统，发电功率为660kW，供应7 200个灯泡的用电。同年，美国兴建了第一座水力发电站，之后水力发电逐步发展起来。1883年，美国纽约和英国伦敦等大城市先后建成中心发电厂。到1898年，纽约又建立了容量为30 000kW的火力发电站，用87台锅炉推动12台大型蒸汽机为发电机提供动力。

早期的发电厂采用直流发电机，在输电方面，很自然地采用直流输电。第一条直流输电线路出现于1873年，长度仅有2km。1882年，法国物理学家和电气工程师德普勒在慕尼黑博览会上展示了世界上第一条远距离直流输电试验线路，把一台容量为3hp（1hp=735.49 875W）的水轮发电机发出的电能，从米斯巴赫输送到相距57km的慕尼黑驱动博览会上的一台喷泉水泵。

1882年，法国人高兰德和英国人约翰·吉布斯研制成功了第一台具有实用价值的变压器，1888年，由英国工程师费朗蒂设计，建设在泰晤士河畔的伦敦大型交流发电站开始输电，其输电电压高达10kV。1894年，俄罗斯建成功率为800 kW的单相交流发电站。

1887~1891年，德国电机制造公司成功开发了三相交流电技术。1891年，德国劳芬电厂安装并投产了世界上第一台三相交流发电机，并通过第一条13.8kV输电线路将电力输送到远方用电地区，既用于照明，又用于电力拖动。从此，高压交流输电得到迅速发展。

电力的应用和输电技术的发展，促使一大批新的工业部门相继产生。首先是与电力生产有关的行业，如电机、变压器、绝缘材料、电线电缆、电气仪表等电力设备的制造厂和电力安装、维修和运行等部门；其次是以电作为动力和能源的行业，如照明、电镀、电解、电车、电报等企业和部门，而新的日用电器生产部门也应运而生。这种发展的结果，又反过来促进了发电和高压输电技术的提高。1903年输电电压达到60kV，1908年美国建成第一条110kV输电线路，1923年建成投运第一条230kV线路。从20世纪50年代开始，世界上经济发达的国家进入经济快速发展时期，用电负荷保持快速增长，年均增长率在6%左右，并一直持续到20世纪70年代中期。这带动了发电机制造技术向大型、特大型机组发展，美国第一台300MW、500MW、1 000MW、1 150MW和1 300MW汽轮发电机组分别于1955年、1960年、1965年、1970年和1973年投入运行。同时，大容量远距离输电的需求，使电网电压等级迅速向超高压发展，第一条330kV、345kV、400kV、500kV、735kV、750kV和765kV线路分别于1952年（苏联）、1954年（美国）、1956年（苏联）、1964年（美国）、1965年（加拿大）、1967年（苏联）

和 1969 年（美国）建成，1985 年苏联建成第一条 1 150kV 特高压输电线路。

1870~1913 年，以电气化为主要特征的第二次工业革命，彻底改变了世界的经济格局。这一时期，发电以汽轮机、水轮机等为原动机，以交流发电机为核心，输电网由变压器与输配电线路等组成，使电力的生产、应用达到较高的水平，并具有相当大的规模。在工业生产、交通运输中，电力拖动、电力牵引、电动工具、电加工、电加热等得到普遍应用。到 1930 年前后，吸尘器、电动洗衣机、家用电冰箱、电灶、空调器、全自动洗衣机等各种家用电器也相继问世。同时，英国于 1926 年成立中央电气委员会，1933 年建成全国电网；美国工业企业中以电动机为动力的比重，从 1914 年的 30% 上升到 1929 年的 70%；苏联在十月革命后不久也提出了全俄电气化计划，20 世纪 30 年代，欧美发达国家都先后完成了电气化。从此，电力取代了蒸汽，使人类迈进了电气化时代，20 世纪也被称为"电气化世纪"。

今天，电能的应用已经渗透到人类社会生产、生活的各个领域，它不仅创造了极大的生产力，而且促进了人类文明的巨大进步，彻底改变了人类的社会生活方式，电气工程也因此被人们誉为"现代文明之轮"。

21 世纪的电气工程学科将在与信息科学、材料科学、生命科学以及环境科学等学科的交叉和融合中获得进一步发展。创新和飞跃往往发生在学科的交叉点上。所以，在 21 世纪，电气工程领域的基础研究和应用基础研究仍会是一个百花齐放、蓬勃发展的局面，而与其他学科的交叉融合、是其显著特点。超导材料、半导体材料与永磁材料的最新发展对于电气工程领域有着特别重大的意义。从 20 世纪 60 年代开始，实用超导体的研制成功地开创了超导电工的新时代。目前，恒定与脉冲超导磁体技术已经进入成熟阶段，得到了多方面的应用，显示了其优越性与现实性。超导加速器与超导核聚变装置的建成与运行成为 20 世纪下半叶人类科技史上辉煌的成就，超导核磁共振波谱仪与磁成像装置已实现了商品化。同时，20 世纪 80 年代制成了高临界温度超导体，为 21 世纪电气工程的发展展示了更加美好的前景。

半导体的发展为电气工程领域提供了多种电力电子器件与光电器件。电力电子器件为电机调速、直流输电、电气化铁路、各种节能电源和自动控制的发展作出了重大贡献。光电池效率的提高及成本的降低为光电技术的应用与发展提供了良好的基础，使太阳能光伏发电已在边远缺电地区得到了应用，并有可能在未来电力供应中占据一定份额。半导体照明是节能的照明，它能大大降低能耗，减少环境污染，是更可靠、更安全的照明。

新型永磁材料，特别是钕铁硼材料的发现与迅速发展，使永磁电机、永磁磁体技术在深入研究的基础上迈上了新台阶，应用领域不断扩大。

微型计算机、电力电子和电磁执行器件的发展，使得电气控制系统响应快、灵活性高、可靠性强的优点越来越突出。因此，电气工程正在使一些传统产业发生变革。例如，传统的机械系统与设备，在更多或全面地使用电气驱动与控制后，大大改善了性能，"线控"汽车、全电舰船、多电/全电飞机等研究就是其中典型的例子。

三、电气工程学科分类

电气工程学科是当今高新技术领域中不可或缺的关键学科。在我国高等学校的本科专业目录中，电气工程对应的专业是电气工程及其自动化或电气工程与自动化，我国1998年以前的普通高等学校本科专业目录中，电工类下设有5个专业，分别是电机电器及其控制、电力系统及其自动化、高电压与绝缘技术、工业自动化和电气技术，在1998年国家颁布的大学本科专业目录中，把上述电机电器及其控制、电力系统及其自动化、高电压与绝缘技术和电气技术等专业合并为电气工程及其自动化专业。此外，在同时颁布的工科引导性专业目录中，又把电气工程及其自动化专业和自动化专业中的部分合并为电气工程与自动化专业。在2012年教育部颁布的《普通高等学校本科专业目录》中，电气类（0806）下只设有电气工程及其自动化一个专业，专业代码为080601。在研究生学科专业目录中，电气工程是工学门类中的一个一级学科，包含电机与电器、电力系统及其自动化、高电压与绝缘技术、电力电子与电力传动、电工理论与新技术等5个二级学科。在我国现在高等工程教育中，电气工程及其自动化专业（或电气工程与自动化专业）是一个新型的宽口径综合性专业。它涉及电能的生产、传输、分配、使用全过程，电力系统（网络）及其设备的研发、设计、制造、运行、检测和控制等多方面各环节的工程技术问题，所以要求电气工程师掌握电工理论、电子技术、自动控制理论、信息处理、计算机及其控制、网络通信等宽广领域的工程技术基础和专业知识，掌握电气工程运行、电气工程设计、电气工程技术咨询、电气工程设备招标及采购咨询、电气工程的项目管理、电气设计项目和建设项目的监理等基本技能。电气工程及其自动化专业不仅要为电力工业与机械制造业，也要为国民经济其他部门，如交通、建筑、冶金、机械、化工等，培养从事电气科学研究和工程技术的高级专门人才。可见，电气工程及其自动化专业是一个以电力工业及其相关产业为主要服务对象，同时辐射国民经济其他各部门，应用十分广泛的专业。

四、电气工程法律法规介绍

《中华人民共和国电力法（修正版）》（以下简称《电力法》），是经1995年12月28日第八届全国人民代表大会常务委员会第十七次会议通过，1996年4月1日起施行，2009年8月27日根据《全国人民代表大会常务委员会关于修改部分法律的决定》修订。

《电力法》的立法宗旨是保障和促进电力事业的发展，维护电力投资者、经营者和使用者的合法权益，保障电力安全运行。适用范围是中华人民共和国境内的电力建设、生产、供应和使用活动。《电力法》明确规定：电力事业应当适应国民经济和社会发展的需要，适当超前发展。国家鼓励、引导国内外的经济组织和个人依法投资开发电源，兴办电力生产企业。电力事业投资实行谁投资、谁受益的原则，电力设施受国家保护，并且禁止任何单位和个人危害电力设施安全或者非法侵占、使用电能。

《电力法》明确了环境保护的重要性。电力建设、生产、供应和使用应当依法保护环境，采用新技术，减少有害物质排放，防治污染和其他公害。国家鼓励和支持利用可再生能源和清洁能源发电。

《电力法》明确了各部门的职责。国务院电力管理部门负责全国电力事业的监督管理。国务院有关部门在各自的职责范围内负责电力事业的监督管理。县级以上地方人民政府经济综合主管部门是本行政区域内的电力管理部门，负责电力事业的监督管理。县级以上地方人民政府有关部门在各自的职责范围内负责电力事业的监督管理。电力建设企业、电力生产企业、电网经营企业依法实行自主经营、自负盈亏，并接受电力管理部门的监督。同时，国家帮助和扶持少数民族地区、边远地区和贫困地区发展电力事业。

《电力法》明确规定国家鼓励在电力建设、生产、供应和使用过程中，采用先进的科学技术和管理方法，对在研究、开发、采用先进的科学技术和管理方法等方面做出显著成绩的单位和个人给予奖励。

《电力法》内容包括总则、电力建设、电力生产与电网管理、电力供应与使用、电价与电费、农村电力建设和农业用电、电力设施保护、监督检查、法律责任和附则，共十章七十五条。《电力法（修正版）》将第十六条中的"征用"修改为"征收"；将第七十条中"治安管理处罚法"修改为"治安管理处罚"；将第七十一条、第七十二条、第七十四条中的"依照刑法第×条的规定""比照刑法第×条的规定"修改为"依照刑法有关规定"。

《电力供应与使用条例》是根据《中华人民共和国电力法》制定，由国务院于1996年4月17日颁布，1996年9月1日实施。内容包括总则、供电营业区、供电设施、电力供应、电力使用、供用电合同、监督与管理、法律责任和附则，共九章四十五条。其目的是加强电力供应与使用的管理，保障供电、用电双方的合法权益，维护供电、用电秩序，安全、经济、合理地供电和用电适用于在中华人民共和国境内，电力供应企业（以下称供电企业）和电力使用者（以下称用户）以及与电力供应、使用有关的单位和个人。条例规定国务院电力管理部门负责全国电力供应与使用的监督管理工作。县级以上地方人民政府电力管理部门负责本行政区域内电力供应与使用的监督管理工作。电网经营企业依法负责本供区内的电力供应与使用的业务工作，并接受电力管理部门的监督。国家对电力供应和使用实行安全用电、节约用电、计划用电的管理原则。供电企业和用户应当遵守国家有关规定，采取有效措施，做好安全用电、节约用电、计划用电工作。供电企业和用户应当根据平等自愿、协商一致的原则签订供用电合同。电力管理部门应当加强对供用电的监督管理，协调供用电各方关系，禁止危害供用电安全和非法侵占电能的行为。

为了保护电力设施，《中华人民共和国刑法》有关条款如下所述。

第一百一十八条 破坏电力、煤气或者其他易燃易爆设备，危害公共安全，尚未造成严重后果的，处三年以上十年以下有期徒刑。

第一百一十九条 破坏交通工具、交通设施、电力设备、燃气设备、易燃易爆设备，造成严重后果的，处十年以上有期徒刑、无期徒刑或者死刑。过失犯前款罪的，处三年以上七年以下有期徒刑，情节较轻的，处三年以下有期徒刑或拘役。

第一百三十四条 在生产、作业中违反有关安全管理的规定，因而发生重大伤亡事故或者造成其他严重后果的，处三年以下有期徒刑或者拘役；情节特别恶劣的，处三年以上七年以下有期徒刑。强令他人违章冒险作业，因而发生重大伤亡事故或者造成其他严重后果的，处五年以下有期徒刑或者拘役；情节特别恶劣的，处五年以上有期徒刑。

第一百三十五条 安全生产设施或者安全生产条件不符合国家规定，因而发生重大伤亡事故或者造成其他严重后果的，对直接负责的主管人员和其他直接责任人员，处三年以下有期徒刑或者拘役；情节特别恶劣的，处三年以上七年以下有期徒刑。

第一百三十七条 建设单位、设计单位、施工单位、工程监理单位违反国家规定，降低工程质量标准，造成重大安全事故的，对直接责任人员，处五年以下有期徒刑或者拘役，并处罚金；后果特别严重的，处五年以上十年以下有期徒刑，并处罚金。

第二百六十四条 盗窃公私财物，数额较大的，或者多次盗窃、入户盗窃、携带凶器盗窃、扒窃的，处三年以下有期徒刑、拘役或者管制，并处或者单处罚金；数额巨大或者有其他严重情节的，处三年以上十年以下有期徒刑，并处罚金；数额特别巨大或者有其他特别严重情节的，处十年以上有期徒刑或者无期徒刑，并处罚金或者没收财产。

另外，还有《电力设施保护条例》《用电检查管理办法》在反窃电中的应用。《最高人民检察院关于审理触电人身损害赔偿案件若干问题的解释》中有触电人身损害赔偿等方面的内容。

五、电气自动化工程的现状

当前，我国电气工程及其自动化已经取得了长足的发展，逐步实现了由多岛自动化向系统集成进行转变，新型的系统集成化的电气工程自动化成功实现了通道共用、功能互补、信息共享，弥补了多岛自动化的互不连接、功能单一和信息独享的不足。通过计算机的模拟操作，能够对电力系统的运行状况进行判断和监控，从而达到精密有效的控制。目前，PC技术和网络手段已经慢慢渗透到工商管理中，采用PC的人机界面可以灵活地、直观地掌握数据的动态运动。在传统的测量仪表中放置微处理器，就可以让原始的数据设备具备数字通信和计算的现代化功能，大大地优化了工作的效率和工作方式，并且极大地节约了生产成本。之后，再使用总线将数个测量控制仪表相互连接，遵循规范公开的通信协议，将远程监控计算机与仪表及微机化测量控制设备相互连接起来，完成信息与数据传输交换程序，建立实际性的自动控制系统。

1. 电气自动化工程的发展现状

电气自动化工程学科自成立至今，已逾两个多世纪，电气工程学科的发展已日趋精细化。电气自动化工程的延伸学科包括：电力电子与电力传动、电力系统及其自动化、高电压与绝缘技术、电机与电器及其控制。随着电力电子器件的发展，电力电子技术经历了由电器件、半导体器件、集成电路、到超大规模集成电路的变革，电力电子与电力传动广泛应用于电能变换、钢铁、冶金、电力牵引、船舶推进等领域。电机与电器及其控制主要研究步进电机、无刷励磁直流电机、感应同步器等特种电机的控制、调速，在电机驱动方面，如电动汽车、高性能可靠电机等领域有较好的发展前景。电力系统及其自动化作为电气工程及其自动化的另一个延伸学科也获得了长足发展。

21世纪是知识与科技的时代，科学技术作为第一生产力在社会发展中起着核心作用。无论是国家的进步还是个人的发展，只有依靠科技的进步和知识的力量，才能立足于世界，在社会中谋得一席之地。近年来，随着科技的不断更新和发展，电气工程及其自动化的技术平台也取得了长足的发展，电气设备的设计周期越来越短，设备工作效率越来越高。PLC工业控制技术、单片机技术等计算机技术使电气工程学科涉足更多领域，使工业控制更加精益化、智能化。

电气自动化工程在电力系统中被广泛应用。电网调度自动化主要通过安全分析与对策提出（SA）、数据采集与安全监控（SCADA）和自动发电控制（AGC）与经济调度控制（EDC）三个手段实现对电网安全经济运行的调整。发电厂自动化系统主要包括动力机械自动控制、自动发电量控制系统（AGC）和自动电压控制系统（AVC）。发电厂自动化系统能自动对发电厂进行自动检测、电能预估、调节、监视和管理，提高发电厂运行效率。变电站综合自动化系统的5个子系统包括控制系统、继电子保护系统，电压、无功综合控制子系统、通信子系统和低频减负荷控制及备用电源自动投入子系统。通过计算机硬件系统或者自动化装置，代替人工进行各种运行作业，提高变电站运行水平和管理水平的自动化系统。配电系统自动化的主要功能是降低电网的损耗、监控配电网的运行状况、优化配电网的运行方式、提高配电网设备自身的可靠性运行能力，以及减轻运行人员的劳动强度和维护费用。

我国电气自动化形成了平台开放式的发展模式。个人计算机的发展逐渐改变了人们原有的生活方式。但是个人计算机系统不仅仅对人们的生活方式进行了改造，在社会生产层面也产生了重要的作用。企业对实施生产线电气自动化的方式主要是在原有的测控仪表内部插入相关电子微处理器，经过插入电子芯片处理器的测控仪表就能够对数据进行计算和运输。不同的设备生产厂家对设备内部精密信息的处理各不相同，这就导致了不同的设备由于各自标准不一而无法进行信息的交流和共享。为了妥善解决这一问题，开放式平台发展模式应运而生。基于个人计算机系统的技术，电气自动化领域对于操作系统进行了进一步的改进，系统操作界面更加灵活。

目前，我国的电气自动化普遍应用于企业生产流水线，对生产所用的机械设备进行精密控制，并对生产过程中的相关数据进行精确记录。由于电子技术具有人力操作不可比拟的优越性，越来越多的企业将其与机械生产相结合，目的在于提高机械产品的优越性。应用电子技术的机械设备在生产产品的质量、技术指导等方面远远超过了传统的人力操作机械。

2. 电气自动化工程发展面临的问题

电气自动化工程是工业发展不可或缺的一种技术。随着社会的发展，商业间的交流越来越多，交易也越来越复杂，商业和工业的发展带动了经济的腾飞，从而促进了科学技术的进步，反过来也使电气工程及其自动化技术得到更进一步的发展。但是电气工程及其自动化技术在发展过程中仍然面临着一些困难与挑战。

（1）现阶段的电气工程及其自动化的建设没有针对性，面对各个不同企业的实际需要，在现有的技术成果上再逐个进行针对性的设计不但使成本增加，对于电气设备的设计、运行、调试、使用也增加了不必要的困难，加大了人力、物力的投入，最终使工程的总成本增加，没有达到企业成本控制最优化的目标，给企业造成了一定的损失。

（2）现今社会是一个讲求效率的社会，在保证质量的前提下提高运行效率，加快社会发展的步伐是时代的迫切需求。面对不同的对象进行不同的设计，要力争做到操作方法简便易懂，更容易让人接受，使每个企业在缺乏或者没有相应的专业技术人员时也可以安全地进行操控，这样的电气工程及其自动化的设计才能体现出其自动化的成功性。

（3）电气工程及其自动化专业的发展为人民生活带来了便利，与此同时也给环境造成了污染。如何发展低能耗、高效、无污染的电气设备，也是电气工程及其自动化学科的热点话题。

（4）网络结构的多样化，对电气工程及其自动化产品造成了一定的影响，这是电气工程及其自动化发展与建设过程中不可忽视的问题。电气工程及其自动化现在普遍应用于商业中，而在商业用途中数据传输是非常重要的，既要求数据传输的准确，又要求信息传输的安全。电气工程及其自动化在数据传输方面还是存在一定问题，例如，不同企业制造的硬件和软件等产品在信息交换的过程中，受开发商程序接口不同的影响，给数据之间的传输和通信造成了一定的困难，从而增加了电气工程及其自动化数据通信的困难。

面对当代电气自动化工程的发展现状所面临的困难，在开发设计电气工程及其自动化系统时，要以正确的思想为指导，要充分了解所涉及行业的信息与需求，再进行科学的规划、实施与运行，从而将成本控制在合理的范围内。其中，网络结构是电气工程及其自动化系统中最为重要的部分，通过网络可以实现生产企业中的设备控制系统、技术监管系统、企业管理系统等各个系统之间数据的高效、快捷、安全的交换。通用的网络结构还可以对中心控制系统及其他通信管理系统进行网络资源的配置，可以使信息及时正确地传输，做到真正的网络结构互通。

3. 电气工程及其自动化专业的人才培养

电气自动化工程的快速发展使之在各个领域都广泛使用，这就需要更多电气工程专业领域人才，对于电气工程专业人才的培养也日趋严格。电气工程专业人才应具有以下几方面的素质：首先，具有扎实的数学、物理基础，掌握电磁基础理论、高等数学、矩阵理论等电气工程专业必需的理论基础。

其次，需要掌握电工理论、电子技术、自动控制理论、电机学等电气工程必需的专业知识；还应具有实际操作动手能力，做到理论与实践相结合，能通过实践理解和验证理论知识的正确性、完备性。最后，应具备较高的工作适应能力和团队沟通、协作能力。

总之，电气自动化工程研究领域包括电能的产生、传输、转换、使用和存储。电气自动化工程学科的长足发展逐渐使电能成为利用最多、应用最为方便的能源。因此，以电能为研究对象的电气工程及其自动化学科有着广泛的发展前景和巨大的生命力。虽然电力工业使人类不可逆转地进入了伟大的电气化时代，但是在发展过程中仍然存在各种问题，但是我们相信随着社会不断进步，电气自动化工程一定会构建出一个完善的系统，成为我国构建社会主义现代化、工业化的助推器。

六、电气自动化工程的前景

虽然我国在电气工程自动化领域已经取得了长足的发展和进步，但相比于起步早、技术较为成熟的国外电气自动化技术，我国的发展还处于相对落后的阶段，特别是部分高端核心技术还掌握在欧美发达国家的手中。所以，我国的电气工程及其自动化技术未来的发展方向还是要集中在技术的研发上，掌握研发技术的核心部分，实现知识产权的自主化。具体需要注意以下几个方面：

第一，提高科研人员和操作人员的整体素质。科学技术的发展离不开人，只有拥有一支优秀的科研队伍，才能保证我国的电气工程及其自动化技术在世界竞争的浪潮中立于不败之地。操作人员的技术水平也是影响电气自动化设备正常运行的关键。部分操作人员由于没有经过专业的技术培训，对电气自动化的设备使用不当，在一定程度上也制约了我国电气工程及其自动化技术的发展。

第二，实现数字化与自动化的有机结合。电气自动化和信息技术的结合所产生的典型代表形式为数字化技术。这是一种富含自动化创新经验，并且有效实现信息动态、高分辨率表现的重要措施。将这些信息与地球空间信息整合，建立一个科学精确的数字化地球，将各种信息存储在计算机系统内，与网络有机结合。

第三，电气自动化系统结构通用化。电气自动化系统结构自身的通用性，对于一个高稳定性的电气自动化的控制系统来说是极为重要的，极大地保障了企业网络结构内的计算机监控系统、计算机控制系统、企业管理系统这三者之间数据传输工作的通畅性。企业内部的管理层人员也可以通过外界互联网，对实地的生产设备现状进行监督。在对自动化系统进行网络规划的过程中，要充分地保证与整个自动化生产线处在一个系统的通讯范围内。

第四，电气自动化工程的应用范围不再局限于单纯的电力工程系统体系，而是更加广泛地融入人类生产活动中。例如，企业的综合性自动化系统、交通控制自动化系统、经济管理自动化控制系统都将投入运行中。要让自动化在更大程度上匹配当今社会飞快发展的速度，在最大程度上实现拟人化。

第二节 电机工程

一、电机的作用

电能在生产、传输、分配、使用、控制及能量转换等方面极为方便。在现代工业化社会中，各种自然能源一般都不直接使用，而是先将其转换为电能，然后再将电能转变为所需要的能量形态（如机械能、热能、声能、光能等）加以利用。电机是以电磁感应现象为基础实现机械能与电能之间的转换以及变换电能的装置，包括旋转电机和变压器两大类，它是工业、农业、交通运输业、国防工程、医疗设备以及日常生活中十分重要的设备。

电机的作用主要表现在以下三个方面。

第一，电能的生产、传输和分配。在电力工业中，电机是发电厂和变电站中的主要设备。由汽轮机或水轮机带动的发电机将机械能转换成电能，然后用变压器升高电压，通过输电线把电能输送到用电地区，再经变压器降低电压，供用户使用。

第二，驱动各种生产机械和装备。在工农业、交通运输、国防等部门和生活设施中，极为广泛地应用各种电动机来驱动生产机械、设备和器具。例如，数控机床、纺织机、造纸机、轧钢机、起吊、供水排灌、农副产品加工、矿石采掘和输送、电车和电力机车的牵引、医疗设备及家用电器的运行等一般都采用电动机来拖动。发电厂的多种辅助设备，如给水机、鼓风机、传送带等，也都需要电动机驱动。

第三，用于各种控制系统以实现自动化、智能化。随着工农业和国防设施自动化水平的日益提高，还需要多种多样的控制电动机作为整个自动控制系统中的重要元件，可以在控制系统、自动化和智能化装置中作为执行、检测、放大或解算元件。这类电动机功率一般较小，但品种繁多、用途各异，例如，可用于控制机床加工的自动控制和显示、阀门遥控、电梯的自动选层与显示、火炮和雷达的自动定位、飞行器的发射和姿态等。

二、电机的分类

电机的种类很多，按照不同的分类方法，电机可有如下分类。

1. 按照在应用中的功能进行分类

电机可以分为下列四类。

（1）发电机。由原动机拖动，将机械能转换为电能的电机。

（2）电动机。将电能转换为机械能的电机。

（3）将电能转换为另一种形式电能的电机。又可以细分为：①变压器，其输出和输入有不同的电压；②变流机，输出与输入有不同的波形，如将交流变为直流；③变频机，输出与输入有不同的频率；④移相机，输出与输入有不同的相位。

（4）控制电机。在机电系统中起调节、放大和控制作用的电机。

2. 按照所应用的电流种类进行分类

电机可以分为直流电机和交流电机两类。

按原理和运动方式进行分类，电机又可以分为：①直流电机，没有固定的同步速度；②变压器，静止设备；③异步电动机，转子速度永远与同步速度有差异；④同步电机，速度等于同步速度；⑤交流换向器电机，速度可以在宽广范围内随意调节。

3. 按照功率大小进行分类

电机可以分为大型电机、中小型电机和微型电机等。

电机的结构、电磁关系、基础理论知识、基本运行特性和一般分析方法等知识都在电机学这门课程中讲授。电机学是电气工程及其自动化本科专业的一门核心专业基础课。基于电磁感应定律和电磁力定律，以变压器、异步电机、同步电机和直流电机四类典型通用电机为研究对象，以此阐述它们的工作原理和运行特性，着重于稳态性能的分析。

随着电力电子技术和电工材料的发展，出现了其他一些特殊电机，它们并不属于上述传统的电机类型，如永磁无刷电动机、直线电机、步进电动机、超导电机、超声波压电电机等，这些电机通常称为特种电机。

三、电机的应用领域

1. 电力工业

（1）发电机。发电机是将机械能转变为电能的机械设备，发电机将机械能转变成电能后输送到电网。由燃油与煤炭或原子能反应堆产生的蒸汽将热能变为机械能的蒸汽轮机驱动的发电机称为汽轮发电机，用于火力发电厂和核电厂。由水轮机驱动的发电机称为水轮发电机，也是同步电机的一种，用于水力发电厂。由风力机驱动的发电机称为风力发电机。

（2）变压器。变压器是一种静止电机，其主要组成部分是铁芯和绕组。变压器只能改变交流电压或电流的大小，不能改变频率，它只能传递交流电能，而不能产生电能。用高压线路输电可以减少损耗，为了将大功率的电能输送到远距离的用户中去，需要用升压变压器将发电机发出的电压（通常只有10.5~20kV）逐级升高到110~1 000kV。在电能输送到用户地区后，再用降压变压器逐级降压，供用户使用。

2. 工业生产部门与建筑业

工业生产广泛应用电动机作为动力。在机床、轧钢机、鼓风机、印刷机、水泵、抽油机、起重机、传送带和生产线等设备上，大量使用中、小功率的感应电动机，这是因为感应电动机结构简单、运行可靠、维护方便、成本低廉。感应电动机约占所有电气负荷功率的60%。

在高层建筑中，电梯、滚梯是靠电动机曳引；宾馆的自动门、旋转门是由电动机驱动；建筑物的供水、供暖、通风等需要水泵、鼓风机等，这些设备也都是由电动机驱动。

3. 交通运输

（1）电力机车与城市轨道交通。电力机车与城市轨道交通系统的牵引动力是电能，机车本身没有原动力，而是依靠外部供电系统供应电力，并通过机车上的牵引电动机驱动机车前进（如图1-1所示）。机车电传动实质上就是牵引电动机变速传动，用交流电动机或直流电动机均能实现。普通列车只有机车是有动力的（动力集中），而高速列车的牵引功率大，一般采用动车组（动力分散）方式，即部分或全部车厢的转向架也有牵引电动机作为动力。目前，世界上的电力牵引动力以交流传动为主体。

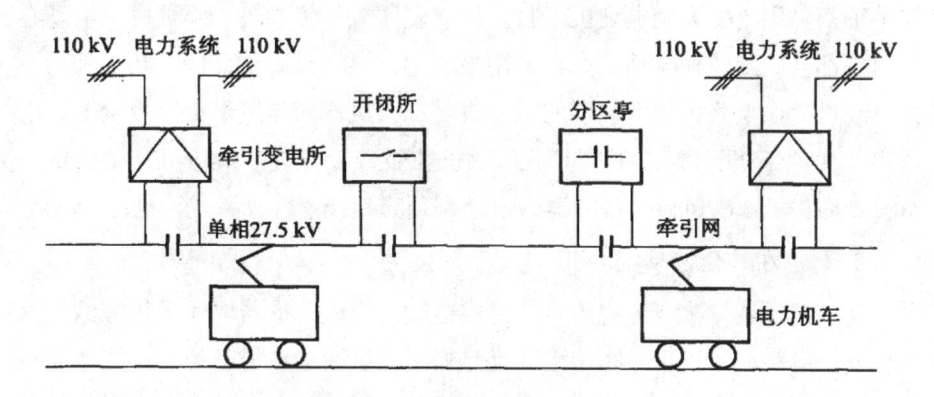

图1-1 电力牵引系统示意图

（2）内燃机车。内燃机车是以内燃机作为原动力的一种机车。电力传动内燃机车的能量传输过程是由柴油机驱动主发电机发电，然后向牵引电动机供电使其旋转，并通过牵引齿轮传动驱动机车轮对旋转。根据电机型式不同，内燃机车可分为直—直流电力传动、交—直流电力传动、交—直—交流电力传动和交—交流电力传动等类型。

（3）船舶。目前绝大多数船舶还是内燃机直接推进的，内燃机通过从船腹伸到船尾外部的粗大的传动轴带动螺旋桨旋转推进。

（4）汽车。在内燃机驱动的汽车上，从发电机、启动机到雨刷、音响，都要用到大大小小的电机。一辆现代化的汽车，可能要用几十台甚至上百台电机。

（5）电动车。电动车包括纯电动车和混合动力车，由于目前电池的功率密度与能量密度较低，所以，内燃机与电动机联合提供动力的混合动力车目前发展较快。

（6）磁悬浮列车。磁悬浮铁路系统是一种新型的有导向轨的交通系统，主要依靠电磁力实现传统铁路中的支承、导向和牵引功能。

（7）直线电机轮轨车辆。直线感应电动机牵引车辆是介于轮轨与磁悬浮车辆之间的一种机车，兼有轮轨安全可靠和磁悬浮非黏着牵引的优点。

4. 医疗设备、办公设备与家用电器

在医疗器械中，心电机、X光机、CT、牙科手术工具、渗析机、呼吸机、电动轮椅等；在办公设备中，计算机的DVD驱动器、CD-ROM、磁盘驱动器主轴都采用永磁无刷电动机。打印机、复印机、传真机、碎纸机、电动卷笔刀等都会用到各种电动机。在家用电器中，只要有运动部件，几乎都离不开电动机，如电冰箱和空调器的压缩机、洗衣机转轮与甩干机、吸尘器、电风扇、抽油烟机、微波炉转盘、DVD机、磁带录音机、录像机、摄像机、全自动照相机、吹风机、按摩器、电动剃须刀等，不胜枚举。

5. 电机在其他领域的应用

在国防领域，航空母舰用直线感应电动机飞机助推器取代了传统的蒸汽助推器；电舰船、战车、军用雷达都是靠电动机驱动和控制的。在战斗机机翼上和航空器中，用电磁执行器取代传统的液压、气动执行器，其主体是各种电动机。演出设备（如电影放映机、旋转舞台等），运动训练设备（如电动跑步机、电动液压篮球架、电动发球机等），家具，游乐设备（如缆车、过山车等），以及电动玩具的主体也是电动机。

四、电动机的运行控制

电气传动（或称电力拖动）的任务，是合理地使用电动机并通过控制，使被拖动的机械按照某种预定的要求运行。世界上约有60%的发电量是电动机消耗的，因此，电气传动是非常重要的领域。而电动机的启动、调速与制动是电气传动的重要内容，电机学部分对电气传动有详细的介绍。

1. 电动机的启动

笼型异步电动机的启动方法有全压直接启动、降低电压启动和软启动三种。

直流电动机的启动方法有直接启动、串联变阻器启动和软启动三种。

同步电动机本身没有启动转矩，其启动方法有很多种，有的同步电动机会将阻尼绕组和实心磁极当成二次绕组以作为笼形异步电动机进行启动，也有的同步电动机会把励磁绕组和绝缘的阻尼绕组当成二次绕组以作为绕线式异步电动机进行启动。当启动加速到接近同步转速时投入励磁，进入同步运行。

2. 电动机的调速

调速是电力拖动机组在运行过程中的基本要求，直流电动机具有在宽广范围内平滑经济调速的优良性能。直流电动机有电枢回路串电阻、改变励磁电流和改变端电压三种调速方式。

交流电动机的调速方式有变频调速、变极调速和调压调速三种，其中以变频调速应用最为广泛。变频调速是通过改变电源频率来改变电动机的同步转速，使转子转速随之变化的调速方法。在交流调速中，用变频器来改变电源频率。变频器具有高效率的驱动性能和良好的控制特性，且操作方便、占地面积小，因而得到广泛应用。应用变频调速可以节约大量电能，提高产品质量，实现机电一体化。

3. 电动机的制动

制动是生产机械对电动机的特殊要求，制动运行是电动机的又一种运行方式，它是一边吸收负载的能量一边运转的状态。电动机的制动方法有机械制动方法和电气制动方法两大类。机械制动方法是利用弹力或重力加压产生摩擦来制动，其特征是即使在停止时也有制动转矩作用，其缺点是要产生摩擦损耗。电气制动是一种由电气方式吸收能量的制动方法，这种制动方法适用于频繁制动或连续制动的场合，常用的电气制动方法有反接制动、正接反转制动、能耗制动和回馈制动。

五、电器的分类

广义上的电器是指所有用电的器具,但是在电气工程中,电器特指用于对电路进行接通、分断,对电路参数进行变换以实现对电路或用电设备的控制、调节、切换、监测和保护等作用的电工装置、设备和组件。电机(包括变压器)属于生产和变换电能的机械设备,我们习惯上不将其包括在电器之列。

按功能电器可分为以下几种。

(1)用于接通和分断电路的电器,主要有断路器、隔离开关、重合器、分段器、接触器、熔断器、刀开关和负荷开关等。

(2)用于控制电路的电器,主要有电磁启动器、星形—三角形启动器、自耦减压启动器、频敏启动器、变阻器、控制继电器等,用于电机的各种启动器正在越来越多地被电力电子装置所取代。

(3)用于切换电路的电器,主要有转换开关、主令电器等。

(4)用于检测电路参数的电器,主要有互感器、传感器等。

(5)用于保护电路的电器,主要有熔断器、断路器、限流电抗器和避雷器等。

电器按工作电压可分为高压电器和低压电器。在我国,工作交流电压在1 000V及以下,直流电压在1 500V及以下的属于低压电器;工作交流电压在1 000V以上,直流电压在1 500V以上的属于高压电器。

第三节 电力系统工程

一、电力系统的组成

电力系统是由发电、变电、输电、配电、用电等设备和相应的辅助系统,按规定的技术和经济要求组成的一个统一系统。电力系统主要由发电厂、电力网和负荷等组成。发电厂的发电机将一次能源转换为电能,再由升压变压器把低压电能转换为高压电能，经过输电线路进行远距离输送，在变电站内进行电压升级，送至负荷所在区域的配电系统，再由配电所和配电线路把电能分配给电力负荷（用户）。

电力网是电力系统的一个组成部分，是由各种电压等级的输电、配电线路以及它们所连接起来的各类变电所组成的网络。由电源向电力负荷输送电能的线路，称为输电线路，包含输电线路的电力网称为输电网；担负分配电能任务的线路称为配电线路，包含配电线路的电力网称为配电网。电力网按其本身结构可以分为开式电力网和闭式电力网两类。凡是用户只能从单个方向获得电能的电力网，称为开式电力网；凡是用户可以从两个或两个以上方向获得电能的电力网，称为闭式电力网。

动力部分与电力系统组成的整体称为动力系统。动力部分主要指火电厂的锅炉、汽轮机，水电站的水库、水轮机和核电厂的核反应堆等。电力系统是动力系统的一个组成部分。发电、变电、输电、配电和用电等设备称为电力主设备，主要有发电机、变压器、架空线路、电缆、断路器、母线、电动机、照明设备和电热设备等。由主设备按照一定要求连接成的系统称为电气一次系统（又称为电气主接线）。为保证一次系统安全、稳定正常运行，对一次设备进行操作、测量、监视、控制、保护、通信和实现自动化的设备称为二次设备，由二次设备构成的系统称为电气二次系统。

二、电力系统运行的特点

1. 电能不能大量存储

电能生产是一种能量形态的转变，要求生产与消费同时完成，即每时每刻电力系统中电能的生产、输送、分配和消费实际上同时进行，发电厂在任何时刻生产的电功率等于该时刻用电设备消耗功率和电网损失功率之和。

2. 电力系统暂态过程非常迅速

电是以光速传播的，所以，电力系统从一种运行方式过渡到另外一种运行方式所引起的电磁过程和机电过渡过程是非常迅速的。通常情况下，电磁波的变化过程只有千分之几秒，甚至百万分之几秒，即为微秒级；电磁暂态过程为几毫秒到几百毫秒，即为毫秒级；机电暂态过程为几秒到几百秒，即为秒级。

3. 与国民经济的发展密切相关

电能供应不足或中断供应,将直接影响国民经济各个部门的生产和运行,也将影响人们的正常生活,在某些情况下甚至造成政治上的影响或极其严重的社会性灾难。

三、对电力系统的基本要求

1. 保证供电的可靠性

保证供电的可靠性,是对电力系统最基本的要求。系统应具有经受一定程度的干扰和故障的能力,但当事故超出系统所能承受的范围时,停电情况也不可避免。供电中断所造成的后果是十分严重的,应尽量缩小故障范围和避免大面积停电,尽快消除故障,恢复正常供电。

根据现行国家标准《供配电系统设计规范》(GB50052-2009)的规定,电力负荷根据供电可靠性及中断供电在政治、经济上所造成的损失或影响的程度,将负荷分为三级。

(1)一级负荷。对这一级负荷中断供电,将造成政治或经济上的重大损失,如导致人身事故、设备损坏、产品报废等,使生产秩序长期不能恢复,人民生活发生混乱。在一级负荷中,中断供电将造成重大设备损坏或发生中毒、爆炸和火灾等情况的负荷,以及特别的重要场所不允许中断供电的负荷,应视为一级负荷中特别重要的负荷。

(2)二级负荷。对这类负荷中断供电,将造成大量减产,将使人民生活受到影响。

(3)三级负荷。所有不属于一、二级的负荷,如非连续生产的车间及辅助车间和小城镇用电等。

一级负荷由两个独立电源供电,要保证不间断供电。并且一级负荷中特别重要的负荷供电,除应由双重电源供电外,还应增设应急电源,并不得将其他负荷接入应急供电系统。设备供电电源的切换时间应满足设备允许中断供电的要求。对二级负荷,应尽量做到事故时不中断供电,允许手动切换电源。对三级负荷,在系统出现供电不足时首先断电,以保证一、二级负荷供电。

2. 保证良好的电能质量

电能质量主要从电压、频率和波形三个方面来衡量。检测电能质量的主要指标是电压偏移和频率偏差。随着用户对供电质量要求的提高，谐波、三相电压不平衡度、电压闪变和电压波动均纳入电能质量监测指标。

3. 保证系统运行的经济性

电力系统运行有三个主要经济指标，即煤耗率（生产每 kW·h 能量的消耗，也称为油耗率、水耗率）、自用电率（生产每 kW·h 电能的自用电）和线损率（供配每 kW·h 电能时在电力网中的电能损耗）。保证系统运行的经济性就是使以上三个指标最小。

4. 电力工业优先发展

电力工业必须优先于国民经济其他部门的发展，只有电力工业优先发展，国民经济其他部门才能有计划、按比例地发展，否则会对国民经济的发展起到制约作用。

5. 满足环保和生态要求

控制温室气体和有害物质的排放，控制冷却水的温度和速度，防止核辐射，减少高压输电线的电磁场对环境的影响和对通信的干扰，降低电气设备运行中的噪声等。开发绿色能源，保护环境和生态，做到能源的可持续利用和发展。

四、电力系统的电能质量指标

电力系统电能质量检测指标有电压偏差、频率偏差、电压波形、三相电压不平衡度、电压波动和闪变。

1. 电压偏差

电压偏差是指电网实际运行电压与额定电压的差值（代数差），通常用其对额定电压的百分值来表示。现行国家标准《电能质量供电电压允许偏差》（GB/T 12325-2008）规定，35kV 及以上供电电压正、负偏差的绝对值之和不超过标称电压的 10%；20kV 及以下三相供电电压偏差为标称电压的 ±7%；220V 单相供电电压偏差为标称电压的 +7%, -10%。

2. 频率偏差

我国电力系统的标称频率为 50Hz，俗称工频。频率的变化，将影响产品的质量，如频率降低将导致电动机的转速下降。但频率下降得过低，有可能使整个电力系统崩溃。我国电力系统现行国家标准《电能质量电力系统频率允许偏差》（GB/T 15945-2008）规定，正常频率偏差允许值为 ±0.2Hz，对于小容量系统，偏差值可以放宽到 ±0.5Hz。冲击负荷引起的系统频率变动一般不得超过 ±0.2Hz。

3. 电压波形

供电电压（或电流）波形为较为严格的正弦波形。波形质量一般以总谐波畸变率作为衡量标准。所谓总谐波畸变率是指周期性交流量中谐波分量的方均根值与其基波分量的方均根值之比（用百分数表示）。110kV 电网总谐波畸变率限值为 2%，35kV 电网限值为 3%，10kV 电网限值为 4%。

4. 三相电压不平衡度

三相电压不平衡度表示三相系统的不对称程度，用电压或电流负序分量与正序分量的方均根值百分比表示。现行国家标准《电能质量公用电网谐波》（GB/T 14549-1993）规定，各级公用电网，110kV 电网总谐波畸变率限值为 2%，35~66kV 电网限值为 3%，6~10kV 电网限值为 4%，0.38kV 电网限值为 5%。用户注入电网的谐波电流允许值应保证各级电网谐波电压在限值范围内，因此，国标规定各级电网谐波源产生的电压总谐波畸变率：0.38kV 的为 2.6%，6~10kV 的为 2.2%，35~66kV 的为 1.9%，110kV 的为 1.5%。对 220kV 电网及其供电的电力用户参照本标准 110kV 执行。

间谐波是指非整数倍基波频率的谐波。随着分布式电源的接入、智能电网的发展，间谐波有增大的趋势。现行国家标准《电能质量公用电网间谐波》（GB/T 24337-2009）规定，1 000V 及以下，低于 100Hz 的间谐波电压含有率限值为 0.2%，100Hz~800Hz 的间谐波电压含有率限值为 0.5%；1 000V 以上，低于 100Hz 的间谐波电压含有率限值为 0.16%，100Hz~800Hz 的间谐波电压含有率限值为 0.4%。

现行国家标准《电能质量三相电压允许不平衡度》（GB/T 15543）规定，电力系统公共连接点三相电压不平衡度允许值为 2%，短时不超过 4%。接于公共接点的每个用户，引起该节点三相电压不平衡度允许值为 1.3%，短时不超过 2.6%。

5. 电压波动和闪变

电压波动是指负荷变化引起电网电压快速、短时的变化，而变化剧烈的电压波动称为电压闪变。为使电力系统中具有冲击性功率的负荷对供电电压质量的影响控制在合理的范围，现行国家标准《电能质量电压允许波动和闪变》（GB/T 12326-2008）规定，电力系统公共连接点，由波动负荷产生的电压变动限值与变动频度、电压等级有关。变动频度 r 每小时不超过 1 次时，UN≤35kV 时，电压变动限值为 4%；35kV≤UN≤220kV 时，电压变动限值为 3%。当 100≤r≤1 000 次、UN≤35kV 时电压变动限值为 1.25%，35kV≤UN≤220kV 时，电压变动限值为 1%，电力系统公共连接点，在系统运行的较小方式下，以一周（168h）为测量周期，所有长时间闪变值 P1t 满足：110kV 及以下，P1t=1；110kV 以上，P1t=0.8。

五、电力系统的基本参数

除了电路中所学的三相电路的主要电气参数，如电压，电流，阻抗（电阻、电抗、容抗），功率（有功功率、无功功率、复功率、视在功率），频率等外，表征电力系统的基本参数有总装机容量、年发电量、最大负荷、年用电量、额定频率、最高电压等级等。

1. 总装机容量

电力系统的总装机容量是指该系统中实际安装的发电机组额定有功功率的总和，以千瓦（kW）、兆瓦（MW）和吉瓦（GW）计，它们的换算关系为：$1GW=10^3MW=10^6kW$

2. 年发电量

年发电量是指该系统中所有发电机组全年实际发出电能的总和，以兆瓦时（MW·h）、吉瓦时（GW·h）和太瓦时（TW·h）计，它们的换算关系为：$1TW·h=10^3GW·h=10^6MW·h$

3. 最大负荷

最大负荷是指规定时间内，如一天、一个月或一年，电力系统总有功功率负荷的最大值，以千瓦（kW）、兆瓦（MW）和吉瓦（GW）计。

4. 年用电量

年用电量是指接在系统上的所有负荷全年实际所用电能的总和，以兆瓦时（MW·h）、吉瓦时（GW·h）和太瓦时（TW·h）计。

5. 额定频率

按照国家标准规定，我国所有交流电力系统的额定频率均为50Hz，欧美国家交流电力系统的额定频率则为60Hz。

6. 最高电压等级

最高电压等级是指电力系统中最高电压等级电力线路的额定电压，以千伏（kV）计，目前我国电力系统中的最高电压等级为1 000kV。

7. 电力系统的额定电压

电力系统中各种不同的电气设备通常是由制造厂根据其工作条件确定其额定电压，电气设备在额定电压下运行时，其技术经济性能最好。为了使电力工业和电工制造业的生产标准化、系列化和统一化，世界各国都制定有电压等级的条例。

用电设备的额定电压与同级的电力网的额定电压是一致的。电力线路的首端和末端均可接用电设备，用电设备的端电压允许偏移范围为额定电压的±5%，线路首末端电压损耗不超过额定电压的10%。于是，线路首端电压比用电设备的额定电压不高于5%，线路末端电压比用电设备的额定电压不低于5%，线路首末端电压的平均值为电力网额定电压。

发电机接在电网的首端，其额定电压比同级电力网额定电压高5%，用于补偿电力网上的电压损耗。

变压器的额定电压分为一次绕组额定电压和二次绕组额定电压，变压器的一次绕组直接与发电机相连时，其额定电压等于发电机额定电压；当变压器接于电力线路末端时，则相当于用电设备，其额定电压等于电力网额定电压。变压器的二次绕组额定电压，是绕组的空载电压，当变压器为额定负载时，在变压器内部有5%的电压降。另外，变压器的二次绕组向负荷供电，相当于电源作用，其输出电压应比同级电力网的额定电压高5%，所以变压器的二次绕组额定电压比同级电力网额定电压高10%。当二次配电距离较短或变压器绕组中电压损耗较小时，二次绕组额定电压只需比同级电力网额定电压高5%。

电力网额定电压的选择又称为电压等级的选择，要综合电力系统投资、运行维护费用、运行的灵活性以及设备运行的经济合理性等方面的因素来考虑。在输送距离和输送容量一定的条件下，所选的额定电压越高，线路上的功率损耗、电压损失、电能损耗会减少，能节省有色金属。但额定电压越高，线路上的绝缘等级越高，杆塔的几何尺寸要增大，线路投资增大，线路两端的升、降压变压器和开关设备等的投资也相应要增大。因此，电力网额定电压的选择要根据传输距离和传输容量经过全面技术经济比较后才能选定。

六、电力系统的接线方式

1. 电力系统的接线图

电力系统的接线方式是用来表示电力系统中各主要元件相互连接关系，对电力系统运行的安全性与经济性影响极大。电力系统的接线方式用接线图来表示，接线图有电气接线图和地理接线图两种。

（1）电气接线图。在电气接线图上，要求表明电力系统各主要电气设备之间的电气连接关系。电气接线图要求接线清楚，一目了然，而不过分重视实际的位置关系、距离的比例关系。

（2）地理接线图。在地理接线图上，强调电厂与变电站之间的实际位置关系及各条输电线的路径长度，这些都按一定比例反映出来，但各电气设备之间的电气联系、连接情况不必详细表示。

2. 电力系统的接线方式

选择电力系统接线方式时，应保证与负荷性质相适应的足够的供电可靠性；深入负荷中心，简化电压等级，做到接线紧凑简明；保证各种运行方式下操作人员的安全；保证运行时足够的灵活性；在满足技术条件的基础上，力求投资费用少，设备运行和维护费用少，满足经济性要求。

（1）开式电力网。开式电力网由一条电源线路向电力用户供电，分为单回路放射式、单回路干线式、单回路链式和单回路树枝式等。开式电力网接线简单、运行方便，保护装置简单，便于实现自动化，投资费用少，但供电的可靠性较差，只能用于三级负荷和部分次要的二级负荷，不适于向一级负荷供电。例如，由地区变电所或企业总降压变电所6~10kV母线直接向用户变电所供电时，沿线不接其他负荷，各用户变电所之间也无联系，可选用放射式接线。

（2）闭式电力网。闭式电力网由两条及两条以上电源线路向电力用户供电，分为双回路放射式、双回路干线式、双回路链式、双回路树枝式、环式和两端供电式。闭式电力网供电可靠性高，运行和检修灵活，但投资大，运行操作和继电保护复杂，适用于对一级负荷供电和电网的联络。例如，对供电的可靠性要求很高的高压配电网，可以采用双回路架空线路或多回路电缆线路进行供电，并尽可能在两侧都有电源。

七、电力系统运行

1. 电力系统分析

电力系统分析是用仿真计算或模拟试验方法，对电力系统的稳态和受到干扰后的暂态行为进行计算、考查并做出评估，提出改善系统性能的措施的过程。通过分析计算，可对规划设计的系统选择正确的参数，制定合理的电网结构，对运行系统确定合理的运行方式，进行事故分析和预测，提出防止和处理事故的技术措施。电力系统分析分为电力系统稳态分析、故障分析和暂态分析。电力系统分析工具有暂态网络分析仪、物理模拟装置和计算机数字仿真三种。而电力系统分析的基础为电力系统潮流计算、短路故障计算和稳定计算。

（1）电力系统稳态分析。电力系统稳态分析主要研究电力系统稳态运行方式的性能，包括潮流计算、静态稳定性分析和谐波分析等。

电力系统潮流计算包括系统有功功率和无功功率的平衡，网络节点电压和支路功率的分布等，解决系统有功功率和频率调整，无功功率和电压控制等问题。潮流计算是电力系统稳态分析的基础，潮流计算的结果可以给出电力系统稳态运行时各节点电压和各支路功率的分布。在不同系统运行方式下进行大量潮流计算，可以研究并从中选择确定经济上合理、技术上可行、安全可靠的运行方式。潮流计算还给出电力网的功率损耗，便于进行网络分析，并进一步制订降低网损的措施。潮流计算还可以用于电力网事故预测，确定事故影响的程度和防止事故扩大的措施。潮流计算也用于输电线路工频过电压研究和调相、调压分析，为确定输电线路并联补偿容量、变压器可调分接头设置等系统设计的主要参数以及线路绝缘水平提供部分依据。

静态稳定性分析主要分析电网在小扰动下保持稳定运行的能力，包括静态稳定裕度计算、稳定性判断等。为确定输电系统的输送功率，分析静态稳定破坏和低频振荡事故的原因，选择发电机励磁调节系统、电力系统稳定器和其他控制调节装置的形式和参数提供依据。

谐波分析主要通过谐波潮流计算，研究在特定谐波源作用下，电力网内各节点谐波电压和支路谐波电流的分布，确定谐波源的影响，从而制订消除谐波的措施。

（2）电力系统故障分析。电力系统故障分析主要研究电力系统中发生故障（包括短路、断线和非正常操作）时，故障电流、电压及其在电力网中的分布。短路电流计算是故障分析的主要内容，目的是确定短路故障的严重程度并选择电气设备参数，整定继电保护，分析系统中负序及零序电流的分布，从而确定其对电气设备和系统的影响等。

（3）电力系统暂态分析。电力系统暂态分析主要研究电力系统受到扰动后的电磁和机电暂态过程，包括电磁暂态过程的分析和机电暂态过程的分析。

电磁暂态过程的分析主要研究电力系统故障和操作过电压及谐振过电压，为变压器、断路器等高压电气设备、输电线路的绝缘配合和过电压保护的选择，以及降低或限制电力系统过电压技术措施的制订提供依据。

机电暂态过程的分析主要研究电力系统受到大扰动后的暂态稳定和受到小扰动后的静态稳定性能。其中，暂态稳定分析主要研究电力系统受到诸如短路故障，切除或投入线路、发电机、负荷，发电机失去励磁或者冲击性负荷等大扰动作用下，电力系统的动态行为和保持同步稳定运行的能力，为选择规划设计中的电力系统的网络结构，校验和分析运行中的电力系统的稳定性能和稳定破坏事故，制订防止稳定破坏的措施提供依据。

2. 电力系统继电保护和安全自动装置

电力系统继电保护和安全自动装置是在电力系统发生故障或不正常运行情况时，用于快速切除故障、消除不正常状况的重要自动化技术和设备（装置）。电力系统发生故障或危及其安全运行的事件时，它们可及时发出警告信号或直接发出跳闸命令以中止事件发展。用于保护电力元件的设备通常称为继电保护装置，用于保护电力系统安全运行的设备通常称为安全自动装置，如自动重合闸、按周减载等。

3. 电力系统自动化

应用各种具有自动检测、反馈、决策和控制功能的装置，并通过信号、数据传输系统对电力系统各元件、局部系统或全系统进行就地或远方的自动监视、协调、调节和控制，以保证电力系统的供电质量和安全经济运行。

随着电力系统规模和容量的不断扩大，系统结构、运行方式日益复杂，单纯依靠人力监视系统运行状态、进行各项操作、处理事故等，已无能为力。因此，必须应用现代控制理论、电子技术、计算机技术、通信技术和图像显示技术等科学技术的最新成就来实现电力系统自动化。

第四节 电力电子技术

一、电力电子技术的作用

电力电子技术是通过静止的手段对电能进行有效地转换、控制和调节，从而把能得到的输入电源形式变成希望得到的输出电源形式的科学应用技术。它是电子工程、电力工程和控制工程相结合的一门技术，它以控制理论为基础、以微电子器件或微计算机为工具、以电子开关器件为执行机构实现对电能的有效变换，高效、实用、可靠地把能得到的电源变为所需要的电源，以满足不同的负载要求，同时具有电源变换装置小体积、轻重量和低成本等优点。电力电子技术的主要作用具体如下。

1. 节能减排

通过电力电子技术对电能的处理，电能的使用可达到合理、高效和节约，实现了电能使用最优化。当今世界电力能源的使用约占总能源的40%，而电能中有40%经过电力电子设备的变换后被使用。利用电力电子技术对电能变换后再使用，人类至少可节省近1/3的能源，相应地可大大减少煤燃烧而排放的二氧化碳和硫化物。

2. 改造传统产业和发展机电一体化等新兴产业

目前发达国家约 70% 的电能是经过电力电子技术变换后再使用的，据预测，今后将有 95% 的电能会经电力电子技术处理后再使用，而我国经过变换后使用的电能目前还不到 45%。

3. 电力电子技术向高频化方向发展

实现最佳工作效率，将使机电设备的体积减小到原来的几分之一，甚至几十分之一，响应速度达到高速化，并能适应任何基准信号，实现无噪声且具有全新的功能和用途。例如，频率为 20kHz 的变压器，其重量和体积只是普通 50Hz 变压器的十几分之一，钢、铜等原材料的消耗量也大大减少。

4. 提高电力系统的稳定性，避免大面积停电事故

电力电子技术实现的直流输电线路，起到故障隔离墙的作用，发生事故的范围就可大大缩小，避免大面积停电事故的发生。

二、电力电子技术的特点

电力电子技术是采用电子元器件作为控制元件和开关变换器件，利用控制理论对电力（电源）进行控制变换的技术，它是从电气工程的三大学科领域（电力、控制、电子）发展起来的一门新型交叉学科。

电力电子开关器件工作时产生很高的电压变化率和电流变化率。电压变化率和电流变化率作为电力电子技术应用的工作形式，对系统的电磁兼容性和电路结构设计都有十分重要的影响。概括起来，电力电子技术有如下几个特点：弱电控制强电；传送能量的模拟—数字—模拟转换技术；多学科知识的综合设计技术。

新型电力电子器件呈现出许多优势，它使得电力电子技术发生突变，进入现代电力电子技术阶段。现代电力电子技术向全控化、集成化、高频化、高效率化、变换器小型化和电源变换绿色化等方向发展。

三、电力电子技术的研究内容

电力电子技术的主要任务是研究电力半导体器件、变流器拓扑及其控制和电力电子应用系统，实现对电、磁能量的变换、控制、传输和存储，以达到合理、高效地使用各种形式的电能，为人类提供高质量电、磁能量。电力电子技术的研究内容主要包括以下几个方面。

（1）电力半导体器件及功率集成电路。

（2）电力电子变流技术。其研究内容主要包括新型的或适用于电源、节能及电力电子新能源利用、军用和太空等特种应用中的电力电子变流技术；电力电子变流器智能化技术；电力电子系统中的控制和计算机仿真、建模等。

（3）电力电子应用技术。其研究内容主要包括超大功率变流器在节能、可再生能源发电、钢铁、冶金、电力、电力牵引、舰船推进中的应用，电力电子系统信息与网络化，电力电子系统故障分析和可靠性，复杂电力电子系统稳定性和适应性等。

（4）电力电子系统集成。其研究内容主要包括电力电子模块标准化，单芯片和多芯片系统设计，电力电子集成系统的稳定性、可靠性等。

1. 电力半导体器件

电力半导体器件是电力电子技术的核心，用于大功率变换和控制时，与信息处理应用器件不同，一是必须具有承受高电压、大电流的能力；二是以开关方式运行。因此，电力电子器件也称为电力电子开关器件，电力电子器件种类繁多，分类方法也不同。按照开通、关断的控制方式，电力电子器件可分为不控型、半控型和全控型三类。按照驱动性质，电力电子器件可分为电压型和电流型两种。

在应用器件时，选择电力电子器件一般需要考虑的是器件的容量（额定电压和额定电流值）、过载能力、关断控制方式、导通压降、开关速度、驱动性质和驱动功率等。

2. 电力电子变换器的电路结构

以电力半导体器件为核心，采用不同的电路拓扑结构和控制方式来实现对电能的变换和控制，这就是变流电路。变换器电路结构的拓扑优化是现代电力电子技术的主要研究方向之一。根据电能变换的输入/输出形式，变换器电路可分为交流—直流变换（AC/DC）、直流—直流变换（DC/DC）、直流—交流变换（DC/AC）和交流—交流变换（AC/AC）四种基本形式。

3. 电力电子电路的控制

控制电路的主要作用是为变换器中的功率开关器件提供控制及驱动信号。驱动信号是根据控制指令，按照某种控制规律及控制方式而获得的。控制电路应该包括时序控制、保护电路、电气隔离和功率放大等电路。

（1）电力电子电路的控制方式。电力电子电路的控制方式一般按照器件开关信号与控制信号间的关系可分为相控方式、频控方式、暂控方式等。

（2）电力电子电路的控制理论。对线性负荷常采用 PI 和 PID 控制规律，对交流电机这样的非线性控制对象，最典型的是采用基于坐标变换解耦的矢量控制算法。为了使复杂的非线性、时变、多变量、不确定、不确知等系统，在参量变化的情况下获得理想的控制效果，变结构控制、模糊控制、基于神经元网络和模糊数学的各种现代智能控制理论，在电力电子技术中已获得广泛应用。

（3）控制电路的组成形式。早期的控制电路采用数字或模拟的分立元件构成，随着专用大规模集成电路和计算机技术的迅速发展，复杂的电力电子变换控制系统，已采用 DSP、现场可编程器件 FPGA、专用控制等大规模集成芯片以及微处理器构成控制电路。

四、电力电子技术的应用

电力电子技术是实现电气工程现代化的重要基础。电力电子技术广泛应用于国防军事、工业、能源、交通运输、电力系统、通信系统、计算机系统、新能源系统以及家用电器等。

1. 工业电力传动

工业中大量应用各种交、直流电动机和特种电动机。近年来，由于电力电子变频技术的迅速发展，使得交流电动机的调速性能可与直流电动机的性能相媲美，我国也于 1998 年开始了从直流传动到交流传动转换的铁路牵引传动产业改革。

电力电子技术主要解决电动机的启动问题（软启动）。对于调速传动，电力电子技术不仅要解决电动机的启动问题，还要解决好电动机整个调速过程中的控制问题，在有的场合还必须解决好电动机的停机制动和定点停机制动控制问题。

2. 电源

电力电子技术的另一个应用领域是对各种各样电源的控制。电器电源的需求是千变万化的，因此电源的需求和种类非常多。例如，受环境条件的制约，太阳能、风能、生物质能、海洋潮汐能及超导储能等可再生能源，发出的电能质量较差，而利用电力电子技术可以进行能量存储和缓冲，改善电能质量。同时，采用变速恒频发电技术，可以将新能源发电系统与普通电力系统联网。

开关模式变换器的直流电源、DC/DC 高频开关电源、不间断电源（UPS）和小型化开关电源等，在现代计算机、通信、办公自动化设备中被广泛采用。军事中主要应用的是雷达脉冲电源、声呐及声发射系统、武器系统及电子对抗等系统电源。

3. 电力系统工程

现代电力系统离不开电力电子技术。高压直流输电，其送电端的整流和受电端的逆变装置都是采用晶闸管变流装置，它从根本上解决了长距离、大容量输电系统无功损耗问题。柔性交流输电系统（FACTS），其作用是对发电—输电系统的电压和相位进行控制，其技术实质类似于弹性补偿技术。FACTS 技术是利用现代电力电子技术改造传统交流电力系统的一项重要技术，已成为未来输电系统新时代的支撑技术之一。

无功补偿和谐波抑制对电力系统具有重要意义。晶闸管控制电抗器（TCR）、晶闸管投切电容量（TSC）都是重要的无功补偿装置。静止无功发生器（STATCOM）、有源电力滤波器（APF）等新型电力电子装置具有更优越的无功和谐波补偿的性能。采用超导磁能存储系统（SMES）、蓄电池储能（BESS）进行有功补偿和提高系统稳定性。晶闸管可控串联电容补偿器（TCSC）用于提高输电容量，抑制次同步振荡，进行功率潮流控制。

4. 交通运输工程

电气化铁道已广泛采用电力电子技术，电气机车中的直流机车采用整流装置供电，交流机车采用变频装置供电。如直流斩波器广泛应用于铁道车辆，磁悬浮列车的电力电子技术更是一项关键的技术。

新型环保绿色电动汽车和混合动力电动汽车（EV/HEV）正在积极发展

中。绿色电动车的电动机以蓄电池为能源，靠电力电子装置进行电力变换和驱动控制，其蓄电池的充电也离不开电力电子技术。飞机、船舶需要各种不同要求的电源，所以航空、航海也离不开电力电子技术。

5. 绿色照明

目前广泛使用的日光灯，其电子镇流器就是一个 AC—DC—AC 变换器，较好地解决了传统日光灯必须有镇流器启辉、全部电流都要流过镇流器的线圈因而无功电流较大等问题，可减少无功和有功损耗。还有利用注入式电致发光原理制作的二极管叫作发光二极管，通称 LED 灯。当它处于正向工作状态时（即两端加上正向电压），电流从 LED 阳极流向阴极时，半导体晶体就发出从紫外到红外不同颜色的光线，且光的强弱与电流有关。另外，采用电力电子技术可实现照明的电子调光。

电力电子技术的应用范围十分广泛。电力电子技术已成为我国国民经济的重要基础技术，是现代科学、工业和国防的重要支撑技术。电力电子技术课程是电气工程及其自动化专业的核心课程之一。

第五节　高电压工程

一、高电压与绝缘技术的发展

高电压与绝缘技术是随着高电压远距离输电而发展起来的一个电气工程分支学科。高电压与绝缘技术的基本任务是研究高电压的获得以及高电压下电介质及其电力系统的行为和应用。人类对高电压现象的关注已有悠久的历史，但作为一门独立的学科分支是 20 世纪初为了解决高压输电工程中的绝缘问题而逐渐形成的，美国工程师皮克在 1915 年出版的《高电压工程中的电介质现象》一书中首次提出"高电压工程"这一术语。20 世纪 40 年代以后，由于电力系统输送容量的扩大、电压水平的提高以及原子物理技术等学科的进步，高电压和绝缘技术得到快速发展。20 世纪 60 年代以来，受超高压、特高压输电和新兴科学技术发展的推动，高电压技术已经扩大了其应用领域，成为电气工程学科中十分重要的一个分支。

  1890年，英国建成了一条长达45km的10kV的世界上最早的输电线路，1891年，德国建造了一条从腊劳到法兰克福长175km的15.2kV三相交流输电线路。由于升高电压等级可以提高系统的电力输送能力，降低线路损耗，增加传输距离，还可以降低电网传输单位容量的造价，随后高压交流输电得到迅速发展，电压等级逐次提高，输电线路经历了20kV、35kV、60kV、110kV、150kV、220kV的高压，287kV，330kV、400kV、500kV、735~765kV的超高压。20世纪60年代，国际上开始了对特高压输电的研究。

  与此同时，高压直流输电也得到快速发展，1954年，瑞典建成了从本土通往戈特兰岛的世界上第一条工业性直流输电线路，标志着直流输电进入发展阶段。1972年，晶闸管阀（可控硅阀）在加拿大的伊尔河直流输电工程中得到采用。这是世界上首次采用先进的晶闸管阀取代原先的汞弧阀，从而使得直流输电进入了高速发展阶段。电压等级由±100kV、±250kV、±400kV、±500kV发展到±750kV。一般认为高压直流输电适用于以下范围：长距离、大功率的电力输送，在超过交、直流输电等价距离时最为合适；海底电缆送电；交、直流并联输电系统中提高系统稳定性（因为HVDC可以进行快速的功率调节）；实现两个不同额定功率或者相同频率电网之间非同步运行的连接；通过地下电缆向用电密度高的城市供电；为开发新电源提供配套技术。

  目前国际上高压一般指35~220kV的电压；超高压一般指330kV以上、1 000kV以下的电压；特高压一般指1 000kV及以上的电压。而高压直流（HVDC）通常指的是±600kV及以下的直流输电电压，±600kV以上的则称为特高压直流（UHVDC）。我国高电压技术的发展和电力工业的发展是紧密联系的。1949年新中国成立以前，电力工业发展缓慢，从1908年建成的石龙坝水电站—昆明的22kV线路到1943年建成的镜泊湖水电站—延边的110kV线路，中间出现过的电压等级有33kV、44kV、66kV以及154kV等。这导致输电建设迟缓，输电电压因具体工程不同而不同，没有具体标准，输电电压等级繁多。新中国成立以后，我国才逐渐形成了经济合理的电压等级系列，1952年我国开始自主建设110kV线路，并逐步形成京津唐110kV输电网。1954年建成丰满—李石寨220kV输电线，接下来的几年逐步形成了

220kV东北骨干输电网。1972年建成330kV刘家峡—关中输电线路，并逐渐形成西北电网330kV骨干网架。1981年建成500kV姚孟—武昌输电线路，开始形成华中电网500kV骨干网架。1989年建成±500kV葛洲坝—上海超高压直流输电线路，实现了华中、华东两大区域电网的直流联网。

由于我国地域辽阔，一次能源分布不均衡，动力资源与重要负荷中心距离很远，因此，我国的送电格局是"西电东送"和"北电南送"。云广特高压±800kV直流输电工程是"西电东送"项目之一，也是世界首条±800kV直流输电工程。该输电工程西起云南楚雄变电站，经云南、广西、广东三省辖区，东止于广东增城穗东变电站。晋东南—南阳—荆门1 000kV特高压输电工程是北电南送项目之一，全长645km，变电容量两端各3 000kVA。该工程连接华北和华中电网，北起山西的晋东南变电站，经河南南阳开关站，南至湖北荆门变电站。该电网既可将山西火电输送到华中缺能地区，也可在丰水期将华中富余水电输送到以火电为主的华北电网，使水火电资源分配更加合理。后续，国家电网公司在"十一五"末和"十二五"期间，建成了一条两横两纵的特高压输电线路，两横两纵的线路长度都在2 000km以上，两横中的一条是把四川雅安的水电送到江苏南京，另一条是把内蒙古西部的火电送到山东潍坊；两条纵线分别是陕北到长沙，内蒙古到上海。之后，逐步建成了国家级特高压电网，全国大范围地变输送煤炭为输送电力，比较彻底地解决高峰期各地缺电的问题。

二、高电压与绝缘技术的研究内容

高电压与绝缘技术是以试验研究为基础的应用技术，主要研究高电压的产生、在高电压作用下各种绝缘介质的性能和不同类型的放电现象、高电压设备的绝缘结构设计、高电压试验和测量的设备与方法、电力系统过电压及其限制措施、电磁环境及电磁污染防护、以及高电压技术的应用等。

1. 高电压的产生

根据需要人为地获得预期的高电压是高电压技术中的核心研究内容。这是因为在电力系统中，在大容量、远距离的电力输送要求越来越高的情况下，几十万伏的高电压和可靠的绝缘系统是支撑其实现的必备技术条件。

电力系统一般通过高电压变压器、高压电路瞬态过程变化产生交流高电压,直流输电工程中采用先进的高压硅堆等作为整流阀把交流电变换为高压直流电。一些自然物理现象也会形成高电压,如雷电、静电。高电压试验中的试验高电压由高电压发生装置产生,通常有发电机、电力变压器以及专门的高电压发生装置。常见的高电压发生装置有:由工频试验变压器、串联谐振实验装置和超低频试验装置等组成的交流高电压发生装置;利用高压硅堆等作为整流阀的直流高电压发生装置;模拟雷电过电压或操作过电压的冲击电压电流发生装置。

2. 高电压绝缘与电气设备

在高电压技术研究领域内,无论是要获得高电压,还是研究高电压下系统特性或者在随机干扰下电压的变化规律,都离不开绝缘的支撑。

高电压设备的绝缘应能承受各种高电压的作用,包括交流和直流工作电压、雷电过电压和内过电压。因此,需要研究电介质在各种作用电压下的绝缘特性、介电强度和放电机理,以便合理解决高电压设备的绝缘结构问题。电介质在电气设备中是作为绝缘材料使用的,按照其物质形态,可分为气体介质、液体介质和固体介质三类。在实际应用中,对高压电气设备绝缘的要求是多方面的,单一电介质往往难以满足要求。因此,实际的绝缘结构是由多种介质组合而成。其中,电气设备的外绝缘一般由气体介质和固体介质联合组成,而设备的内绝缘则往往由固体介质和液体介质联合组成。另外,过电压对输电线路和电气设备的绝缘是个严重的威胁,为此,要着重研究各种气体、液体和固体绝缘材料在不同电压下的放电特性。

3. 高电压试验

高电压领域的各种实际问题一般都需要经过试验来解决,因此,高电压试验设备、试验方法以及测量技术在高电压技术中占有格外重要的地位。电气设备绝缘预防性试验已成为保证现代电力系统安全可靠运行的重要措施之一。这种试验除了在新设备投入运行前,在交接、安装、调试等环节中进行外,更多的是对运行中的各种电气设备的绝缘定期进行检查,以便及早发现绝缘缺陷,及时更换或修复,防患于未然。

绝缘故障大多因内部存在缺陷而引起,就其存在的形态而言,绝缘缺陷可分为两大类。第一类是集中性缺陷,是指电气设备在制造过程中形成的局部缺损，如绝缘子瓷体内的裂缝、发电机定子绝缘层因挤压磨损而出现的局部破损、电缆绝缘层内存在的气泡等，这一类缺陷在一定条件下会发展扩大，波及整体。第二类是分散性缺陷，是指高压电气设备整体绝缘性能下降，如电机、变压器等设备的内绝缘材料受潮、老化、变质等。

绝缘内部有了缺陷后，其特性往往要发生变化，因此，可以通过实验测量绝缘材料的特性及其变化来查出隐藏的缺陷，以判断绝缘状况。由于缺陷种类很多，影响各异，所以绝缘预防性试验的项目也就多种多样。其中，高电压试验可分为两大类，即非破坏性试验和破坏性试验。

电气设备绝缘试验主要包括绝缘电阻及吸收比的测量、泄漏电流的测量、介质损失角正切 $\tan\delta$ 的测量、局部放电的测量、绝缘油的色谱分析、工频交流耐压试验、直流耐压试验、冲击高电压试验、电气设备的在线检测等。每个项目所反映的绝缘状态和缺陷性质各不相同，故同一设备往往要接受多项试验，才能作出比较准确的判断和结论。

4. 电力系统过电压及其防护

研究电力系统中各种过电压，以便合理确定其绝缘水平是高电压技术的重要内容之一。

电力系统对输电线路、发电厂和变电所的电气装置都要采取防雷保护措施。而电力系统的过电压包括雷电过电压（又称大气过电压）和内部过电压。雷击除了威胁输电线路和电气设备的绝缘外，还会危害高建筑物、通信线路、天线、飞机、船舶和油库等设施的安全。目前，人们主要是设法去躲避和限制雷电的破坏性，基本措施就是加装避雷针、避雷线、避雷器、防雷接地、电抗线圈、电容器组、消弧线圈和自动重合闸等防雷保护装置。其中，避雷针、避雷线用于防止直击雷电过电压；避雷器用于防止沿输电线路侵入变电所的感应雷电过电压，现在广泛采用金属氧化物避雷器（又称氧化锌避雷器）。

电力系统内过电压是因正常操作或故障等原因使电路状态或电磁状态发生变化，引起电磁能量振荡而产生，其中衰减较快、持续时间较短的称为操作过电压；无阻尼或弱阻尼、持续时间长的称为暂态过电压。

过电压与绝缘配合是电力系统中一个重要的课题，首先需要清楚过电压的产生和传播规律，然后根据不同的过电压特征决定其防护措施和绝缘配合方案。随着电力系统输电电压等级的提高，输变电设备的绝缘部分占总设备投资的比重越来越大。因此，采用何种限压措施和保护措施，使之在不增加过多投资的前提下，既可以保证设备安全网系统可靠地运行，又可以减少主要设备的投资费用，这个问题归结为绝缘如何配套的问题。

三、高电压与绝缘技术的应用

高电压与绝缘技术在电气工程以外的领域得到广泛应用，如粒子加速器、大功率脉冲发生器、受控热核反应研究、磁流体发电、静电喷涂和静电复印等。

1. 等离子体技术及其应用

所谓等离子体，指的是一种拥有离子、电子和核心粒子的不带电的离子化物质。等离子体内部几乎含有相同数量的自由电子和阳离子电子，而等离子体又可分为高温和低温等离子体。高温等离子体主要应用于温度为 10^2~10^4eV（1亿~10亿摄氏度 1eV=11 600K）的超高温核聚变发电。低温等离子体广泛运用于多种生产领域，例如，等离子体电视、等离子体刻蚀、等离子体喷涂、制造新型半导体材料等。此外，等离子体隐身技术在军事方面还可应用于飞行器的隐身。

2. 静电技术及其应用

静电感应、气体放电等效应用于生产和生活等多方面，形成了静电技术。它广泛应用于电力、机械、轻工等高技术领域，如静电除尘广泛用于工厂烟气除尘；静电分选可用于粮食净化、茶叶挑选、冶炼选矿、纤维选拣等；静电喷涂、静电喷漆广泛应用于汽车、机械、家用电器，等等。

3. 在环保领域的应用

在烟气排放前，可以通过高压脉冲电晕放电来对烟气进行处理，以达到较好的脱硫脱硝效果，并且在氨注入的条件下，还可以生成化肥。在处理汽车尾气方面，国际上也在尝试用高压脉冲放电产生非平衡态等离子体来处理。在污水处理方面，采用水中高压脉冲放电的方法，对废水中的多种燃料能够达到较好的降解效果。在杀毒灭菌方面，通过高压脉冲放电产生的各种带电粒子和中性粒子发生的复杂反应，能够产生高浓度的臭氧和大量的活性自由基来杀毒灭菌。通过高电压技术人工模拟闪电，能够在无氧状态下，用强带电粒子流破坏有毒废弃物，将其分解成简单分子，并在冷却中和冷却后形成高稳定性的玻璃体物质或者有价金属等，此技术对于处理固体废弃物中的有害物质效果显著。

4.在照明技术中的应用

气体放电光源是利用气体放电时发光的原理制成的光源。在气体放电光源中，应用较多的是辉光放电和弧光放电现象。其中，辉光放电用于霓虹灯和指示灯，弧光放电有很强的光通量，用于照明光源。常用的有荧光灯、高压汞灯、高压钠灯、金属卤化物灯和氙灯等气体放电灯。气体放电用途极为广泛，在摄影、放映、晒图、照相复印、光刻工艺、化学合成、荧光显微镜、荧光分析、紫外探伤、杀菌消毒、医疗、生物栽培等方面也都有广泛的应用。此外，在生物医学领域，静电场或脉冲电磁场对于促进骨折愈合效果明显。

第六节　电气工程新技术

在电力生产、电工制造与其他工业发展，以及国防建设与科学实验的实际需要的有力推动下，在新原理、新理论、新技术和新材料发展的基础上，发展起来多种电气工程新技术（简称电工新技术），成为近代电气工程科学技术发展中最为活跃和最有生命力的重要分支。

一、超导电工技术

超导电工技术涵盖了超导电力科学技术和超导强磁场科学技术，包括实用超导线与超导磁体技术与应用，以及初步产业化的实现。

1911年，荷兰科学家昂纳斯在测量低温下汞电阻率的时候发现，当温度降到4.2K附近，汞的电阻突然消失，后来他又发现许多金属和合金都具有与上述汞相类似的低温下失去电阻的特性，这就是超导态的零电阻效应，也是超导态的基本性质之一。1933年，荷兰的迈斯纳和奥森菲尔德共同发现了超导体的另一个极为重要的性质，当金属处在超导状态时，这一超导体内的磁感应强度为零，也就是说，磁力线完全被排斥在超导体外面。人们将这种现象称为"迈斯纳效应"。

利用超导体的抗磁性可以实现磁悬浮。把一块磁铁放在超导体上，由于超导体把磁感应线排斥出去，超导体跟磁铁之间有排斥力，结果磁铁悬浮在超导盘的上方。这种超导磁悬浮在工程技术中是可以大大利用的，超导磁悬浮轴承就是一例。

超导材料分为高温超导材料和低温超导材料两类，使用最广的是在液氦温区使用的低温超导材料NbTi导线和液氮温区使用的高温超导材料Bi系带材。20世纪60年代初，实用超导体出现后，人们就期待利用它使现有的常规电工装备的性能得到改善和提高，并期望许多过去无法实现的电工装备能成为现实。20世纪90年代以来，随着实用的高临界温度超导体与超导线的发展，掀起了世界范围内新的超导电力热潮，包括输电、限流器、变压器、飞轮储能等多方面的应用，超导电力也被认为可能是21世纪最主要的电力新技术储备。

我国在超导技术研究方面，包括有关的工艺技术的研究和实验型样机的研制上，都建立了自己的研究开发体系，有自己的知识积累和技术储备。在电力领域也已开发出或正在研制开发超导装置的实用化样机，如高温超导输电电缆、高温超导变压器、高温超导限流器、超导储能装置和移动通信用的高温超导滤波器系统等，其中有的已投入试验运行。

二、聚变电工技术

最早被人发现的核能是重元素的原子核裂变时产生的能量，人们利用这一原理制造了原子弹。科学家们又从太阳上的热核反应中受到启发，制造了氢弹，这就是核聚变。

利用技术把核裂变反应控制起来，让核能按需要释放，就可以建成核裂变发电站，且这一技术已经成熟。同理，把核聚变反应控制起来，也可以建成核聚变发电站。与核裂变相比，核聚变的燃料取之不尽、用之不竭，核聚变需要的燃料是重氢，在天然水分子中，约7 000个分子内就含1个重水分子，2kg重水中含有4g氚，一升水内约含0.02g氚，相当于燃烧400t煤所放出的能量。地球表面有13.7亿立方千米海水，其中含有25万亿吨氚，它至少可以供人类使用10亿年。另外，核聚变反应运行相对安全，因为核聚变反应堆不会产生大量强放射性物质，而且核聚变燃料用量极少，能从根本上解决人类能源、环境与生态的持续协调发展的问题。但是，核聚变的控制技术远比核裂变的控制技术复杂。目前，世界上还没有一座实用的核聚变电站，但世界各国都投入了巨大的人力和物力进行研究。

实现受控核聚变反应的必要条件是：要把氘和氚加热到上亿摄氏度的超高温等离子体状态，这种等离子体粒子密度要达到每立方厘米100万亿个，并要使能量约束时间达到1s以上。这也是为什么核聚变反应达到点火条件，此后只需补充燃料（每秒补充约1g），核聚变反应就能继续下去。在高温下，通过热交换产生蒸汽，就可以推动汽轮发电机发电。在该过程中，由于无论什么样的固体容器都经受不起这样的超高温，所以人们采用高强磁场把高温等离子体"箍缩"在真空容器中平缓地进行核聚变反应。但是高温等离子体很难约束，也很难保持稳定，有时会变得弯曲，最终触及器壁。因此，人们研究得较多的是一种叫作托克马克的环形核聚变反应堆装置。另一种方法是惯性约束，即用强功率驱动器（激光、电子或离子束）把燃料微粒高度压缩加热，实现一系列微型核爆炸，然后把产生的能量取出来。惯性约束不需要外磁场，系统相对简单，但这种方法还有一系列技术难题有待解决。

三、磁流体推进技术

1. 磁流体推进船

磁流体推进船是在船底装有线圈和电极，当线圈通上电流，就会在海水中产生磁场，同时利用海水的导电特性，与电极形成通电回路，使海水带电。这样，带电的海水在强大磁场的作用下，产生使海水发生运动的电磁力，而船体就在反作用力的推动下向相反方向运动。由于超导电磁船是依靠电磁力作用而前进的，所以它不需要螺旋桨。

磁流体推进船的优点在于利用海水作为导电流体，而处在超导线圈形成的强磁场中的这些海水"导线"，必然会受到电磁力的作用，其方向可以用物理学上的左手定则来判定。所以，在预先设计好的磁场和电流方向的配置下，海水这根"导线"被推向后方。同时，超导电磁船所获得的推力与通过海水的电流大小、超导线圈产生的磁场强度成正比。由此可知，只要控制进入超导线圈和电极的电流大小和方向,就可以控制船的速度和方向,并且可以做到瞬间启动、瞬时停止、瞬时改变航向,具有其他船舶无法与之相比的机动性。但是由于海水的电导率不高,要产生强大的推力,线圈内必须通过强大的电流产生强磁场。如果用普通线圈,不仅体积庞大,而且极为耗能,所以必须采用超导线圈。

超导磁流体船舶推进是一种正在发展的新技术。随着超导强磁场的顺利实现,人们从20世纪60年代就开始了认真的研究发展工作。20世纪90年代初,国外载人试验船就已经顺利地进行了海上试验。同时,中国科学院电工研究所也进行了超导磁流体模型船试验。

2. 等离子磁流体航天推进器

目前,航天器主要依靠燃烧火箭上装载的燃料推进,这使得火箭的发射质量很大,效率也比较低。为了节省燃料,提高效率,减小火箭发射质量,国外已经开始研发不需要燃料的新型电磁推进器。等离子磁流体推进器就是其中一种,它也被称为离子发动机。与船舶的磁流体推进器不同,等离子磁流体推进器是利用等离子体作为导电流体。等离子磁流体推进器由同心的芯柱(阴极)与外环(阳极)构成,在两极之间施加高电压的同时产生等离子体和强磁场,在强磁场的作用下,等离子体将高速运动并喷射出去,推动航天器前进。1998年10月24日,美国发射了深空1号探测器,其中使用的主发动机就采用了离子发动机。

四、磁悬浮列车技术

磁悬浮列车是一种采用磁悬浮、直线电动机驱动的新型无轮高速地面交通工具,它主要依靠电磁力实现传统铁路中的支承、导向和牵引功能。相应的磁悬浮铁路系统是一种新型的有导向轨的交通系统。由于运行的磁悬浮列车和线路之间无机械接触或可大大避免机械接触,从根本上突破了轮轨铁路中轮轨关系和弓网关系的约束,具有速度高,客运量大,对环境影响(噪声、振动等)小,能耗低,维护便宜,运行安全平稳,无脱轨危险,有很强的爬坡能力等一系列优点。

磁悬浮列车的实现要解决磁悬浮、直线电动机驱动、车辆设计与研制、轨道设施、供电系统、列车检测与控制等一系列高新技术的关键问题。任何磁悬浮列车都需要解决三个基本问题，即悬浮、驱动与导向。磁悬浮目前主要有电磁式、电动式和永磁式三种方式；驱动用的直线电动机有同步直线电动机和异步直线电动机两种；导向分为主动导向和被动导向两类。

高速磁悬浮列车有常导与超导两种技术方案，采用超导的优点是悬浮气隙大、轨道结构简单、造价低、车身轻，随着高温超导的发展与应用，将具有更大的优越性。目前，铁路电气化常规轮轨铁路的运营时速为 200~350km/h，磁悬浮列车可以比轮轨铁路更经济地达到较高的速度（400~550km/h）。低速运行的磁悬浮列车，在环境保护方面也比其他公共交通工具更有优势。

我国上海引进德国的捷运高速磁悬浮系统于 2004 年 5 月投入上海浦东机场线运营，时速高达 400km/h 以上。这类常导磁悬浮列车系统结构是利用车体底部的可控悬浮和推进磁体，与安装在路轨底面的铁芯电枢绕组之间的吸引力工作，悬浮和推进磁体从路轨下面利用吸引力使列车浮起，导向和制动磁体从侧面使车辆保持运行轨迹。悬浮磁体和导向磁体安装在列车的两侧，驱动和制动通过同步长定子直线电动机实现。

与之不同的是，日本的常导磁悬浮列车采用的是短定子异步电动机，日本超导磁悬浮系统的悬浮力和驱动力均来自车辆两侧。列车的驱动绕组和一组组的"8"字形零磁通线圈均安装在导轨两侧的侧壁上，车辆上的感应动力集成设备由动力集成绕组、感应动力集成超导磁铁和悬浮导向超导磁铁三部分组成。地面轨道两侧的驱动绕组通上三相交流电时，产生行波电磁场，列车上的车载超导磁体就会受到一个与移动磁场相同步的推力，推动列车前进。当车辆高速通过时，车辆的超导磁场会在导轨侧壁的悬浮线圈中产生感应电流和感应磁场。控制每组悬浮线圈上侧的磁场极性与车辆超导磁场的极性相反，从而产生引力，下侧极性与超导磁场极性相同，产生斥力，使得车辆悬浮起来，同时起到导向作用，由于无静止悬浮力，故有轮子。2003 年日本高速磁悬浮列车能达到时速 581km/h。

五、燃料电池技术

水电解以后可以生成氢和氧，其逆反应则是氢和氧化合生成水。燃料电池正是利用水电解及其逆反应获取电能的装置。以天然气、石油、甲醇、煤等原料为燃料制造氢气，然后与空气中的氧反应，便可以得到需要的电能。

燃料电池主要由燃料电极和氧化剂电极及电解质组成，加速燃料电池电化学反应的催化剂是电催化剂。常用的燃料有氢气、甲醇、肼液氨、烃类和天然气，如航天用的燃料电池大部分用氢或肼作燃料。氧化剂一般用空气或纯氧气，也有用过氧化氢水溶液。作为燃料电极的电催化剂有过渡金属和贵金属铂、钯、镍等，作氧电极用的电催化剂有银、金、汞等。

燃料电池的工作原理是由氧电极和电催化剂与防水剂组成的燃料电极形成阳极和阴极，阳极和阴极之间用电解质（碱溶液或酸溶液）隔开，燃料和氧化剂（空气）分别通入两个电极，在电催化剂的催化作用下，同电解质一起发生氧化还原反应。反应中产生的电子由导线引出，这样便产生了电流。因此，只要向电池的工作室不断加入燃料和氧化剂，并及时把电极上的反应产物和废电解质排走，燃料电池就能持续不断地供电。

燃料电池与一般火力发电相比，具有许多优点：发电效率比目前应用的火力发电还高，既能发电，同时还可获得质量优良的水蒸气来供热，其总的热效率可达到80%；工作可靠，不产生污染和噪声；燃料电池可以就近安装，简化了输电设备，降低了输电线路的电损耗；几百上千瓦的发电部件可以预先在工厂里做好，然后把它输运到燃料电池发电站去进行组装，建造发电站所用的时间短；体积小、重量轻、使用寿命长，单位体积输出的功率大，可以实现大功率供电。

20世纪70年代初期，美国建成了一座1 000kW的燃料电池发电装置。现在，输出直流电4.8MW的燃料电池发电厂的试验已获成功，人们正在进一步研究设计11MW的燃料电池发电厂。迄今为止，燃料电池已发展有碱性燃料电池、磷酸型燃料电池、熔融碳酸盐型燃料电池（MCFC）、固体电解质型燃料电池（SOFC）、聚合物电解质型薄膜燃料电池（PEMFC）等多种。

燃料电池的用途也不仅仅限于发电，还可以作为一般家用电源、电动汽车的动力源、携带用电源等。在宇航工业、海洋开发和电气货车、通信电源、计算机电源等方面都能得到实际应用，燃料电池推进船也正在开发研制中。国外还准备将它用作战地发电机，并作为无声电动坦克和卫星上的电源。

六、飞轮储能技术

飞轮储能装置由高速飞轮和电动/发电互逆式双向电机构成，飞轮常采用轻质高强度纤维复合材料制造，并用磁力轴承悬浮在真空罐内。飞轮储能原理是：通过高速电动机带动飞轮旋转，将电能转换成动能；并将释放的能量，再通过飞轮带动发电机发电，转换为电能输出。这样一来，飞轮的转速与接收能量的设备转速无关。因此，为了尽可能多地储能，主要应该增加飞轮的转速，而不是增加转动惯量。所以，现代飞轮转速每分钟至少几万转，以增加功率密度与能量密度。

近年来，飞轮储能系统得到快速发展，一是采用高强度碳素纤维和玻璃纤维飞轮转子，使得飞轮允许线速度可达500~1 000m/s，大大增加了单位质量的动能储量；二是电力电子技术的新进展，给飞轮电机与系统的能量交换提供了强大的支持；三是电磁悬浮、超导磁悬浮技术的发展，配合真空技术，极大地降低了机械摩擦与风力损耗，提高了效率。

飞轮储能的应用之一是电力调峰。电力调峰是电力系统必须充分考虑的重要问题之一。飞轮储能能量输入、输出快捷，可就近分散放置，不污染、不影响环境，因此，国际上很多研究机构都在研究采用飞轮实现电力调峰。20世纪90年代以来，美国马里兰大学一直致力于储能飞轮的应用开发，1991年开发出用于电力调峰的24kW·h电磁悬浮飞轮系统，飞轮重172.8kg，工作转速范围11 610~46 345r/min，破坏转速为48 784r/min，系统输出恒压为110/240V，全程效率为81%。1996年德国着手研究储能5MW·h/100MW·h的超导磁悬浮储能飞轮电站，电站由10个飞轮模块组成，每只模块重30t、直径3.5m、高6.5m，转子运行转速为2 250~4 500r/min，系统效率为96%。

飞轮储能还可用于大型航天器、轨道机车、城市公交车与卡车、民用飞机、电动轿车等。作为不间断供电系统，储能飞轮在太阳能发电、风力发电、潮汐发电、地热发电以及电信系统不间断电源中都有良好的应用前景。目前，世界上转速最高的飞轮最高转速可达200 000r/min以上，飞轮电池寿命为15年以上，效率约90%，且充电迅速无污染，是21世纪最有前途的绿色储能电源之一。

七、脉冲功率技术

脉冲功率技术是研究高电压、大电流、高功率短脉冲的产生和应用的技术，已发展成为电气工程一个非常有前途的分支。脉冲功率技术的原理是先以较慢的速度将从低功率能源中获得的能量储藏在电容器或电感线圈中，然后将这些能量经高功率脉冲发生器转变成幅值极高但持续时间极短的脉冲电压及脉冲电流，形成极高功率脉冲，并传给负荷。

脉冲功率技术的基础是冲击电压发生器，也叫马克斯发生器或冲击机，是德国人马克斯在1924年发明的。1962年，英国的J.C.马丁成功地将已有的马克斯发生器与传输线技术结合起来，产生了持续时间短达纳秒级的高功率脉冲。随之，高技术领域如核聚变电工技术研究、高功率粒子束、大功率激光、定向束能武器、电磁轨道炮等的研制都要求更高的脉冲功率，这使得高功率脉冲技术成为20世纪80年代极为活跃的研究领域之一。20世纪80年代建在英国的欧洲联合环（托卡马克装置），由脉冲发电机提供脉冲大电流。该脉冲发电机由两台各带有9m直径、重量为775t的大飞轮的发电机组成。发电机由8.8MW的电动机驱动，大飞轮用来存储准备提供产生大功率脉冲的能量。每隔10min脉冲发电机可以产生一个持续25s左右的5MA大电流脉冲。

高功率脉冲系统的主要参量有：脉冲能量（kJ~GJ），脉冲功率（GW~TW），脉冲电流（kA~MA），脉冲宽度（μs~ns）和脉冲电压。目前，脉冲功率技术总的发展方向仍是提高功率水平。

脉冲功率技术已应用到许多科技领域，如闪光X射线照相、核爆炸模拟器、等离子体的加热和约束、惯性约束聚变驱动器、高功率激光器、强脉冲X射线、核电磁脉冲、高功率微波、强脉冲中子源和电磁发射器等。另外，脉冲功率技术与国防建设及各种尖端技术紧密相联，已成为当前国际上非常活跃的一门前沿科学技术。

八、微机电系统

微机电系统（MEMS）是融合了硅微加工、光刻铸造成型和精密机械加工等多种微加工技术，集微型机构、微型传感器、微型执行器，以及信号处理和控制电路、接口电路、通信和电源于一体的微型机电系统或器件。微机电系统技术是随着半导体集成电路微细加工技术和超精密机械加工技术的发展而发展起来的，所以具有微型化、集成化、批量化，机械电器性能优良等特点。

微机电系统技术的目标是通过系统的微型化、集成化来探索具有新原理、新功能的器件和系统。它将电子系统和外部世界有机地联系起来，不仅可以感受运动、光、声、热、磁等自然界信号，并将这些信号转换成电子系统可以识别的电信号，而且还可以通过电子系统控制这些信号，进而发出指令，控制执行部件完成所需要的操作，以降低机电系统的成本，完成大尺寸机电系统所不能完成的任务，也可嵌入大尺寸系统中，把自动化、智能化和可靠性水平提高到一个新的水平。

微机电系统的加工技术主要有三种：第一种是以美国为代表的利用化学腐蚀或集成电路工艺技术对硅材料进行加工，形成硅基 MEMS 器件；第二种是以日本为代表的利用传统机械加工手段，即利用大机器制造出小机器，再利用小机器制造出微机器的方法；第三种是以德国为代表的利用 X 射线光刻技术，通过电铸成型和铸塑形成深层微结构的方法。其中硅加工技术与传统的集成电路工艺兼容，可以实现微机械和微电子的系统集成，而且该方法适合于批量生产，所以是目前微机电系统的主流技术。

20 世纪 90 年代，众多发达国家先后投巨资设立国家重大项目以促进微机电系统技术发展。1987 年，美国加州大学伯克利分校率先用微机电系统技术制造出微电机。1993 年，美国 ADI 公司采用该技术成功地将微型加速度计商品化，并大批量应用于汽车防撞气囊，这标志着微机电系统技术商品化的开端。此后，微机电系统技术迅速发展，并研发了多种新型产品，如一次性血压计是最早的 MEMS 产品之一，目前国际上每年都有几千万只的用量。此外，微机电系统技术在航空、航天、汽车、生物医学、电子、环境、军事，以及几乎人们接触到的所有领域都有着十分广阔的应用前景。

第二章 自动化概述

第一节 自动化的概念和应用

自动化（Automation）是指机器设备或者是生产过程、管理过程，在没有人直接参与的情况下，经过自动检测、信息处理、分析判断、操纵控制，实现预期的目标、目的或完成某种过程。简而言之，自动化是指机器或装置在无人干预的情况下按规定的程序或指令自动地进行操作或运行。因此，自动化是新的技术革命的一个重要方面，也是一个国家或社会现代化水平的重要标志。自动化技术的研究、应用和推广，对人类的生产、生活方式产生了深远的影响。

自动化是自动化技术和自动化过程的简称，其支柱技术主要有两个方面：第一，用自动化机械代替人工的动力方面的自动化技术，即自动控制；第二，在生产过程和业务处理过程中，进行测量、计算、控制等，这是信息处理方面的自动化技术，即信息处理。它们两者技术相互渗透、相互促进。

社会的需要是自动化技术发展的动力。自动化技术是紧密围绕着生产、生活、军事设备控制，航空航天工业等的需要而形成的，以及在科学探索中发展起来的一种技术。美国发明家斯托特在读书时，为了不交房费而替房东看管锅炉，每天清晨4点闹钟一响，他就要从睡梦中醒来，跑到地下室，打开锅炉口，把锅炉烧旺。这当然是谁也不愿干的苦差事。为了摆脱这份劳苦，他想出了一个办法：用一根绳子，一头挂在锅炉门上，一头拉到卧室里，当闹钟一响，只要在被窝中拉一下绳子就行了。后来，他干脆把闹钟放到地下室的锅炉边上，做了一个类似老鼠夹子的东西。当闹钟一响，与发条相连的夹子就动作，夹子带动一根木棍，木棍倒下，炉门便自动打开了。后来，他在此基础上发明了钟控锅炉。这个小故事说明，自动化技术很多是从人们身边生活和生产中发展起来的，而这一技术发展之后又广泛地用于生活、生产的各个领域中。自动化技术发展至今，可以说已从人类手脚的延伸扩展到人类大脑的延伸。自动化技术时时在为人类"谋"福利，可谓无所不在。

自动化技术广泛用于工业、农业、国防、科学研究、交通运输、商业、医疗、服务及家庭等各方面。采用自动化技术不仅可以把人从繁重的体力劳动、部分脑力劳动以及恶劣、危险的工作环境中解放出来，而且能扩展、放大人的功能和创造新的功能，这极大地提高了劳动生产率，增强了人类认识世界和改造世界的能力。

自动化正在迅速地渗入家庭生活中。例如，用计算机设计、制作衣服；全自动洗衣机，不用人动手就能把衣服洗得干干净净；计算机控制的微波炉，不但能按时自动进行烹调，做出美味可口的饭菜，而且安全节电；计算机控制的电冰箱，不但能自动控温，保持食物鲜美，而且能告诉人们食物存储的数量和时间，能做什么佳肴，用料多少；空调机能为人们提供温暖如春的环境，清扫机器人能为人们打扫房间等。

办公自动化的主要目标是企业管理自动化。在办公室里广泛地引入微电脑及信息网络、文字处理机、电子传真机、专用交换机、多功能复印机和秘书机器人等技术和设备，推进了办公室自动化。利用自动化的办公设备，可自动完成文件的起草、修改、审核、分发、归档等工作，利用信息高速公路、多媒体等技术进一步提高信息加工与传递的效率，实现办公的全面自动化。

工厂自动化主要有两个方面：一是使用自动化装置，完成加工、装配、包装、运输、存储等工作，如用机器人、自动化小车、自动机床、柔性生产线和计算机集成制造系统等。二是生产过程自动化，如在钢铁、石油、化工、农业、渔业和畜牧业等生产和管理过程中，用自动化仪表和自动化装置来控制生产参数，实现生产设备、生产过程和管理过程的自动化。

自动化在其他领域的应用：在交通运输中采用自动化设备，实现交通工具自动化及管理自动化，包括车辆运输管理、海上及空中交通管理、城市交通控制、客票预订及出售等；在医疗保健事业及图书馆、商业服务行业中，在农作物种植、养殖业生产过程中，都可以实现自动化管理及自动化生产。

当代武器装备尤其要求高度的自动化，在现代和未来的战场上，飞机、舰艇、战车、火炮、导弹、军用卫星以及后勤保障、军事指挥等，都要求实现全面的自动化。

第二节　自动化和控制技术发展历史

自古以来，人类就有创造自动装置以减轻或代替人劳动的想法，自动化技术的产生和发展经历了漫长的历史过程，总结起来共经历了四个典型的历史时期：18世纪以前自动装置的出现和应用、18世纪末至20世纪30年代的自动化技术形成时期、20世纪40~50年代的局部自动化时期和20世纪50年代至今的综合自动化时期。

一、自动装置的出现和应用时期

古代人类在长期的生产和生活中，为了减轻自己的劳动，逐渐利用自然界的风力或水力代替人力、畜力，以及用自动装置代替人的部分繁难的脑力活动和对自然界动力的控制。经过漫长岁月的探索，他们造出了一些原始的自动装置。

公元前14世纪至公元前11世纪，中国和巴比伦出现了自动计时装置——刻漏，这是人类研制和使用自动装置之始。

国外最早的自动化装置，是1世纪古希腊人希罗发明的神殿自动门和铜祭司自动洒圣水、投币式圣水箱等自动装置。2000年前的古希腊，有一个非常出色的技师叫希罗，他经常向阿基米德等科学家请教、学习，制造出了许多机器，有神殿自动门、神水自动出售机、里程表等。神殿自动门的动作过程是当有人拜神时，点燃祭坛上的油火，油火产生的热量就会使一个箱子里的空气膨胀，膨胀的空气会推动大门，使大门打开；当拜神的人把油火熄灭后，空气受冷缩小，大门就会关闭。

2世纪，东汉时期的张衡利用齿轮、连杆和齿轮等机构制成浑天仪。它能完成一系列有序的动作，显示星辰升落，可以把它看成古代的程序控制装置。220~280年,中国出现计里鼓车。235年,三国时期的马钧研制出用齿轮传动的自动指示方向的指南车,这是一辆真正的指南车,从现在观点看,指南车属于自动定向装置。1088年,苏颂等人把浑仪(天文观测仪器)、浑象(天文表现仪器)和自动计时装置结合在一起建成了具有"天衡"自动调节机构和自动报时机构的水运仪象台。1135年,北宋时期的燕肃在"莲华漏"中采用三级漏壶并用浮子式阀门自动装置调节液位。1637年,明代《天工开物》一书记载了有程序控制思想萌芽的提花织机结构图。

17世纪以来,随着生产力的发展,在欧洲的一些国家相继出现了多种自动装置,其中比较典型的有:1642年法国物理学家B.帕斯卡发明了能自动进位的加法器;1657年荷兰机械师C.惠更斯发明了钟表,利用锥形摆作调速器;1681年D.帕潘发明了带安全阀的压力釜,实现压力自动控制;1694年德国G.W.莱布尼茨发明了能进行加减乘除运算的机械计算机;1745年英国机械师E.李发明了带有风向控制的风磨;1765年俄国机械师H.M.波尔祖诺夫发明了浮子阀门式水位调节器,用于蒸汽锅炉水位的自动控制。

二、自动化技术形成时期

1784年瓦特在改进的蒸汽机上采用离心式调速装置,构成蒸汽机转速的闭环自动调速系统(如图2-1所示)。瓦特的这项发明开创了近代自动调节装置应用的新纪元,对第一次工业革命及后来控制理论的发展有重要影响。

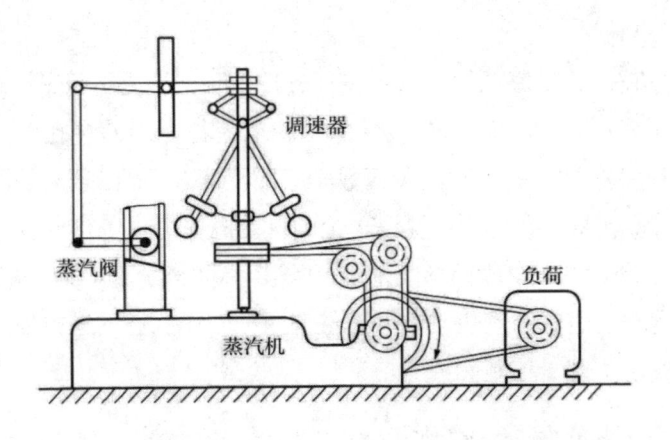

图2-1 瓦特离心式调速器对蒸汽机转速的控制

在这一时期，由于第一次工业革命的需要，人们开始采用自动调节装置来应对工业生产中提出的控制问题。这些调节器是跟踪给定值的装置，使一些物理量保持在给定值附近。自动调节器的应用标志着自动化技术进入新的历史时期。1830年英国人尤尔制造出温度自动调节装置。1854年俄国机械学家和电工学家K.M.康斯坦丁诺夫发明电磁调速器。1868年法国工程师J.法尔科发明反馈调节器，并把它与蒸汽阀连接起来，操纵蒸汽船的舵，并把这种自动控制的气动船舵称为伺服机构。20世纪20~30年代，美国开始采用PID调节器，PID调节器是一种模拟式调节器，现在还有许多工厂采用这种调节器。

进入20世纪，工业生产中广泛应用各种自动调节装置，促进了对调节系统进行分析和综合研究的工作。这一时期虽然在自动调节器中已广泛应用反馈控制的结构，但从理论上研究反馈控制的原理则是从20世纪20年代开始的。1925年英国电气工程师O.亥维赛把拉普拉斯变换应用到求解电网络的问题上，提出了运算微积分。此后在拉普拉斯变换的基础上，传递函数的观念被引入分析自动调节系统或元件上。1927年美国贝尔电话实验室的电气工程师H.S.布莱克在解决电子管放大器失真问题时首先引入反馈的概念。1932年，美国电信工程师N.奈奎斯特提出著名的稳定判据，可以根据开环传递函数绘制或测量出的频率响应判定反馈系统的稳定性。1938年，苏联电气工程师A.B.米哈伊洛夫提出根据闭环（反馈）系统频率特性判定反馈系统稳定性的判据。

1833年英国数学家C.巴贝奇在设计分析机时首先提出程序控制的原理。他想用法国发明家J.M.雅卡尔设计的编织地毯花样用的穿孔卡方法来实现分析机的程序控制。1936年，英国数学家图灵A.M.提出著名的图灵机，用来定义可计算函数类，建立了算法理论和自动机理论。1938年美国电气工程师C.E.香农和日本数学家中岛，以及1941年苏联科学家B.M.舍斯塔科夫，分别独立建立了逻辑自动机理论，用仅有两种工作状态的继电器组成了逻辑自动机，实现了逻辑控制。

三、局部自动化时期

在第二次世界大战期间，德国的空军优势和英国的防御地位，迫使美国、英国等国科学家集中精力解决了防空火力控制系统和飞机自动导航系统等军事技术问题。在解决这些问题的过程中形成了经典控制理论，设计出各种精密的自动调节装置，开创了系统和控制这一新的科学领域。

第二次世界大战后工业迅速发展，随着对非线性系统、时滞系统、脉冲及采样控制系统、时变系统、分布参数系统和有随机信号输入的系统控制问题的深入研究，经典控制理论在20世纪50年代有了新的发展。这些经典控制理论对战后发展局部自动化起了重要的促进作用，使自动化技术得到飞速发展。

1945年，为提高自动控制系统的性能，美国数学家N.维纳把反馈的概念推广到生物等一切控制系统，并创立了控制论，提出了反馈控制原理。1948年，他出版了名著《控制论》一书，为控制论理论奠定了基础。直到今天，反馈控制仍是十分重要的控制原理。1954年，中国科学家钱学森全面地总结和提高了经典控制理论，在美国出版了用英语撰写的、在世界上很有影响力的《工程控制论》一书。1948年，W.埃文斯的根轨迹法，奠定了适用于单变量控制问题的经典控制理论的基础。频率法（或称频域法）成为分析和设计线性单变量自动控制系统的主要方法。

20世纪初，工业控制中已广泛应用PID调节器，并且电子模拟计算机被用来设计自动控制系统。为了在工业上已实现局部自动化，即单个过程或单个机器的自动化，在工厂中可以看到各种各样的自动调节装置或自动控制装置，这些装置一般都可以分装两个机柜：一个机柜装各种PID调节器；另一个机柜装许多继电器和接触器，作启动、停止、连锁和保护之用。其中大部分PID调节器是电动的或机电的，也有气动的和液压的，在结构上显得相当复杂，控制速度和控制精度都有一定的局限性，可靠性也不是很理想。

生产自动化的发展促进了自动化仪表的进步，出现了测量生产过程的温度、压力、流量、物位、机械量等参数的测量仪表。最初的仪表大多属于机械式的测量仪表，一般只作为主机的附属部件被采用，其结构简单、功能单一。20世纪30年代末至40年代初，出现了气动仪表，统一了压力信号，研制出气动单元组合仪表。20世纪50年代出现了电动式的动圈式毫伏计、电子电位差计和电子测量仪表、电动式和电子式的单元组合式仪表。

1943~1946年，世界上第一台基于电子管的电子数字计算机——电子数字积分和自动计数器问世。1950年，美国宾夕法尼亚大学莫尔小组研制成功世界上第二台存储程序式电子数字计算机——离散变量电子自动计算机。电子数字计算机的发明，为20世纪60~70年代开始的在控制系统广泛应用程序控制、逻辑控制以及应用数字计算机直接控制生产过程奠定了基础。我国也在20世纪50年代中叶开始研制大型电子数字计算机——国产巨型"银河"电子数字计算机系列。目前，小型电子数字计算机或单片计算机已成为复杂自动控制系统的组成部分，以实现复杂的控制和算法。

四、综合自动化时期

经典控制理论这个名称是1960年在第一届全美联合自动控制会议上提出来的。这次会议把系统与控制领域中研究单变量控制问题的学科称为经典控制理论，研究多变量控制问题的学科称为现代控制理论。

20世纪50年代以后，经典控制理论有了许多新的发展。高速飞行、核反应堆、大电力网和大化工厂出现了新的控制问题，促使一些科学家对非线性系统、继电系统、时滞系统、时变系统、分布参数系统和有随机输入的系统的控制问题进行了深入研究。20世纪50年代末，科学家们发现把经典控制理论的方法推广到多变量系统时会得出错误的结论，即经典控制理论的方法有其局限性。

1957年，苏联成功地发射了第一颗人造卫星，继而出现了很多复杂的系统问题，迫切需要加以解决，用经典控制理论很难解决其控制问题，于是现代控制理论就此诞生。通过对这些复杂工业过程和航天技术的自动控制问题——多变量控制系统的分析和综合问题的深入研究，使得现代控制理论体系迅速发展，形成了系统辨识、建模与仿真、自适应控制和自校正控制器、遥测、遥控和遥感、大系统理论、模式识别和人工智能、智能控制等多个重要的分支。

现代控制理论的形成和发展为综合自动化奠定了理论基础。在这一时期，微电子技术有了新的突破。1958年出现晶体管计算机，1965年出现集成电路计算机，1971年出现单片微处理机。微处理机的出现对控制技术产生了重大影响，控制工程师可以很方便地利用微处理机来实现各种复杂的控制，使综合自动化成为现实。20世纪70年代以来，微电子技术、计算机技术和机器人技术的重大突破，促进了综合自动化的迅速发展。一批工业机器人、感应式无人搬运台车、自动化仓库和无人叉车成为综合自动化强有力的工具。

在过程控制方面，1975年开始出现集散型控制系统，使过程自动化达到很高的水平。在制造工业方面，采用成组技术、数控机床、加工中心和群控的基础上发展起来的柔性制造系统（FMS）及计算机辅助设计（CAD）和计算机辅助制造（CAM）系统成为工厂自动化的基础。

第三节　自动控制系统的组成和类型

自动控制的目的是应用自动控制装置延伸和代替人的体力和脑力劳动，自动控制装置是由具有相当于人的大脑和手脚功能的装置组成的。它相当于人大脑的装置，在自动控制中的作用是对控制信息进行分析计算、推理判断、产生控制作用，相当于人手脚的装置，其作用是执行控制信号，完成加工、操作和运动等。在运行时通常是由机械机构或机电机构来完成，其中包括放大信息的装置、产生动力的驱动装置和完成运动的执行装置。因此，没有控制就没有自动化，控制是自动化技术的核心，而反馈控制又是控制理论的最基本原理。

以老鹰捕捉飞跑的兔子这一事实为例，鹰先用眼睛大致确定兔子的位置，就朝这个方向飞去。在飞行中，眼睛一直盯住兔子，测出自己与兔子的距离和兔子逃跑的方向，鹰脑根据与兔子的差距，不断作出决定，通过改变翅膀和尾部的姿态，改变飞行的速度和方向，使与兔子之间的距离越来越小，直到抓到兔子为止。在整个过程中，眼睛是测量机构，大脑是控制机构，翅膀是驱动机构（执行机构），被控对象是老鹰的身体，目标是兔子。老鹰用眼睛盯住兔子的同时，把自己的位置与兔子的位置作比较，找出与兔子之间的距离差，这就是反馈作用。老鹰根据这个偏差来不断控制自己的身体，不断减小偏差，这称为反馈控制。这种反馈使误差不断减小，又称负反馈控制（如图2-2所示）。

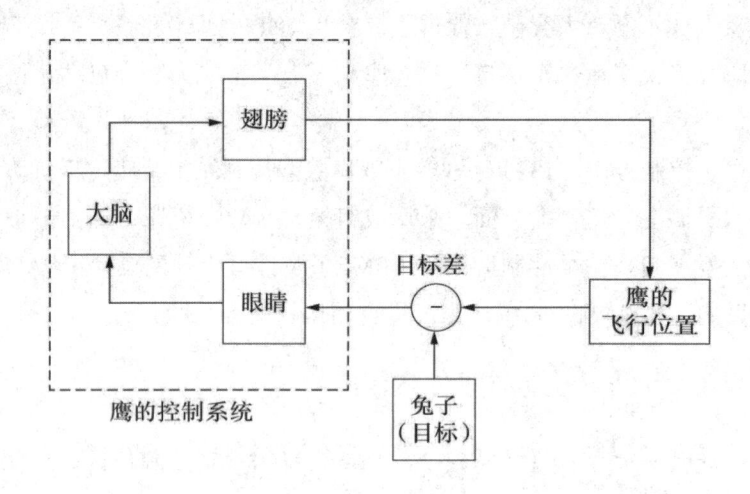

图 2-2 鹰捉兔子的飞行过程

任何一个自动控制系统都是由被控对象和控制器构成。自动控制系统根据被控对象和具体用途不同，可以有各种不同的结构形式。除被控对象外，控制系统一般由给定环节、反馈环节、比较环节、控制器（调节器）、放大环节、执行环节（执行机构）组成。这些功能环节分别承担相应的职能，共同完成控制任务（如图 2-3 所示）。

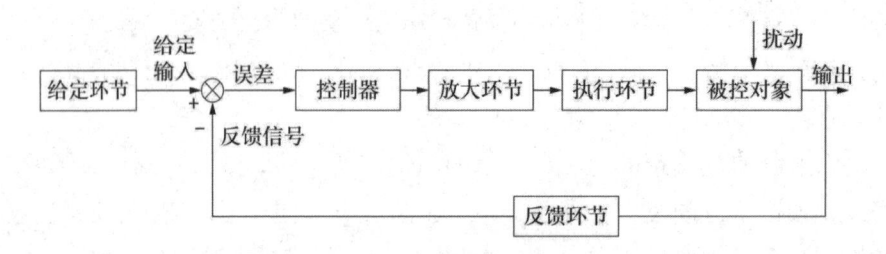

图2-3 自动控制系统的各环节功能

按照给定环节给出的输入信号的性质不同，可以将自动控制系统分为恒值调节系统、程序控制系统和随动系统（伺服系统）三种类型的自动控制系统。

恒值调节系统（Automatic Regulating System）的功能是克服各种对被调节量的扰动而保持被调节量为恒值。其核心目标是使被控量（如温度、压力、液位、流量等）的测量值稳定在预先设定的恒定值（设定值）附近，即使在外部扰动或系统参数变化时也能保持稳定。这类系统广泛应用于工业自动化、过程控制、环境控制等领域。

程序控制系统（Programmed Control System）的功能是按照预定的程序来控制被控制的量。自动控制系统的给定信号是已知的时间函数，即系统给定环节给出的给定作用为一个预定的程序，如铣床的加工过程，执行机构根据运算控制器送来的电脉冲信号，操作机床的运动，完成切削成型的要求。

在反馈控制系统中，若给定环节给出的输入信号是预先未知的随时间变化的函数，这种自动控制系统称为随动系统（Servo-Mechanism）。国防上的火炮跟踪系统、雷达导引系统和天文望远镜的跟踪系统等都属于随动系统。随动系统的功能是按照预先未知的规律来控制被控制量，即自动控制系统给定环节给出的给定作用为一个预先未知的随时间变化的函数。

第四节　自动化的现状与未来

自动化技术已渗透到人类社会生活的各个方面。自动化技术的发展水平是一个国家在高科技技术领域发展水平的重要标志之一，它涉及工农业生产、国防建设、商业、家用电器、个人生活诸多方面。其中，自动化技术在工业中的应用尤为重要，它是当今工业发达国家的立国之本。自动化技术能体现先进的电子技术、现代化生产设备和先进管理技术相结合的综合优势。目前，国际上工业发达国家都在集中人力、物力，促使工业自动化技术不断向集成化、柔性化、智能化方向发展。

我国对自动化技术也非常重视，前几个五年计划中对数控技术、CAD技术、工业机器人、柔性制造技术及工业过程自动化控制技术等都开展了研究，并取得了一定成果。但也应看到，我国是一个发展中国家，工业基础薄弱、投资强度低、人员素质差、工艺和生产设备落后，自动化技术的开发和应用与工业发达国家相比还有很大差距。

因此，在接下来的发展阶段，自动化技术的攻关应从以下几个方面考虑：第一，根据工业服务对象的特点，把过程自动化、电气自动化、机械制造自动化和批量生产自动化作为重点。第二，立足国内已取得的成绩，把着眼点放在提高我国企业的综合自动化水平、发挥企业整体综合效益和增强企业的市场应变能力上，将攻关重点从单机自动化技术转移到综合自动化技术和集成化技术上。第三，开发适合我国国情的自动化技术，加速对已有成果的商品化。对市场前景较好的技术成果，如信息管理系统、自动化立体仓库、机器人等应进一步研究开发，形成系列化和商品化。第四，开展战略性技术研究，对计算机辅助生产工程、并行工程、经济型综合自动化技术进行研究。

下面以自动化技术在几个典型领域的现状和未来发展作进一步介绍。

一、机械制造自动化

机械制造自动化技术自20世纪50年代至今，经历了自动化单机、刚性生产线，数控机床、加工中心和柔性生产线、柔性制造三个阶段，今后将向计算机集成制造（CIM）发展。同时，微电子技术的引入，数控机床的问世以及计算机的推广使用，促进了机械制造自动化向更深层次、更广泛的工艺领域发展。

（一）数控技术和数控系统

在市场经济的大潮中，产品的竞争日趋激烈，为在竞争中求得生存与发展，各企业纷纷在提高产品技术档次、增加产品品种、缩短试制与生产周期和提高产品质量上下功夫。即使是批量较大的产品，也不可能是多年一成不变，必须经常开发新产品，频繁地更新换代。这种情况使不易变化的刚性自动化生产线在现代市场经济中暴露出致命的弱点。所以在产品加工中，单件与小批量生产的零件约占机械加工总量的80%以上，对这些多品种、加工批量小、零件形状复杂、精度要求高的零件的加工，采用灵活、通用、高精度、高效率的数字控制技术就显现出其优越性了。

数控技术是一门以数字的形式实现控制的技术。传统的数控系统，是由各种逻辑元件、记忆元件组成的随机逻辑电路，是采用固定接线的硬件结构，它是由硬件来实现数控功能的。随着半导体技术、计算机技术的发展，数字控制装置已经发展成为计算机数字控制装置。计算机数字控制系统由程序、输入/输出设备、计算机数字控制装置、可编程序控制器（PC）、主轴驱动装置和进给驱动装置等组成，由软件来实现部分或全部数控功能。

数控技术在近年来获得了极为迅速的发展,它不仅在机械加工中得到普遍应用,而且在其他设备中也得到广泛应用。其中值得一提的是,数字控制机床是一种机床,是综合应用了自动控制、精密测量、机床结构设计和工艺等各个技术领域里的最新技术成就而发展起来的一种具有广泛的、通用性的高效自动化新型机床。数控机床的出现,标志着机床工业进入了一个新的发展阶段,也是当前工业自动化的主要发展方向之一。

(二)柔性制造系统

柔性制造系统(Flexible Manufacturing Systems,简称FMS)是在计算机直接数控的基础上发展起来的一种高度自动化的加工系统。它是由统一的控制系统和输送系统连接起来的一组加工设备,包括数控机床、材料和工具自动运输设备、产品零件自动传输设备、自动检测和试验设备等。它不仅能进行自动化生产,而且还能在一定范围内完成不同工件的加工任务。

柔性制造系统一般包括以下要素:

①标准的数控机床或制造单元(制造单元是指具有自动上下料功能或多个工位的加工型及装配型的数控机床)。

②在机床和装卡工位之间运送零件和刀具的传送系统。

③发布指令,协调机床、工件和刀具传送装置的监控系统。

④中央刀具库及其管理系统。

⑤自动化仓库及其管理系统。

柔性制造系统是在成组技术、数控技术、计算机技术和自动检测与控制技术迅速发展的基础上产生的综合技术产物,是当前机械制造技术发展的方向。它具有高效率、高柔性和高精度的优点,是比较理想的加工系统,能解决机械加工高度自动化和高度柔性化的矛盾。

(三)计算机集成制造系统

计算机集成制造系统(Computer Integrated Manufacturing System,简称CIMS)是在计算机集成制造思想指导下,逐步实现企业生产经营全过程计算机化的综合自动化系统。

计算机集成制造的初始概念产生于20世纪50年代。数字计算机及其相关新技术的出现,对制造业产生了积极的影响,导致了数控机床的产生,也陆续出现了各种计算机辅助技术，如计算机辅助设计（CAD）、计算机辅助制造（CAM）等。到了20世纪60年代早期，现代控制理论与系统论概念和方法的迅速发展并运用于制造业中，产生了利用计算机不仅实现单元生产柔性自动化，并把制造过程（产品设计、生产计划与控制、生产过程等）集成为一个统一系统的设想，同时试图对整个系统的运行加以优化。这样，计算机集成制造的概念在20世纪60年代后期便产生了。

计算机集成制造系统是多学科的交叉，涉及不同的技术领域。涉及的自动化技术包括：数控技术；计算机辅助设计（CAD）与计算机辅助制造（CAM）；立体仓库与自动化物料运输系统；自动化装配与工业机器人；计算机辅助生产计划制订；计算机辅助生产作业调度；质量监测与故障诊断系统；办公自动化与经营辅助决策。

计算机集成制造系统是未来制造业的发展方向。其未来的发展趋势在自动化技术方面表现在以下三个方面：

①以"数字化"为发展核心。"数字化"不仅是"信息化"发展的核心，而且是先进制造技术发展的核心。数字化制造是指制造领域的数字化，它是制造技术、计算机技术、网络技术与管理科学的交叉、融合、发展与应用的结果，也是制造企业、制造系统与生产过程、生产系统不断实现数字化的必然趋势。

②以"自动化"技术为发展前提。"自动化"从自动控制、自动调节、自动补偿、自动辨识等发展到自学习、自组织、自维护、自修复等更高的自动化水平。目前自动控制的内涵与水平已今非昔比，控制理论、控制技术、控制系统、控制元件都有极大的发展。制造业自动化的发展不但极大地解放了人的体力劳动，而且有效地提高了脑力劳动效率，解放了人的部分脑力劳动。

③"智能化"是未来发展的前景。智能化制造模式的基础是智能制造系统。智能制造系统既是智能和技术的集成而形成的应用环境，也是智能制造模式的载体。制造技术的智能化突出了在制造诸环节中，以一种高度柔性与集成的方式，借助计算机模拟的人类专家的智能活动，进行分析、判断、推理、构思和决策，取代或延伸制造环境中人的部分脑力劳动。同时，收集、存储、处理、完善、共享、继承和发展人类专家的制造智能。目前，尽管智

能化制造道路还很漫长，但是必将成为未来制造业的主要生产模式之一。

二、工业过程自动化

工业过程自动化起步较早，技术比较成熟，共经历了就地控制、控制室集中控制和综合控制三个阶段。现在，采用分散型控制系统和计算机对生产进行综合控制管理，已成为工业自动化的主导控制方式。

现代工业包含许多内容，涉及面非常广。但从控制的角度出发，可以把现代工业分为离散型工业、连续型工业和混合型工业。在离散型工业中，主要对系统中的位移、速度、加速度等参数进行控制；在连续型工业中，主要对系统的温度、压力、流量、液位（料位）、成分和物性六大参数进行控制；混合型工业则介于两者之间，往往是两种控制系统均被采用。

连续型工业又被称为过程工业，涉及包括电力、石油化工、化工、造纸、冶金、制药、轻工等国民经济中举足轻重的许多工业。因此，研究这些工业的控制和管理成为人们十分关注的领域。人们一般把过程工业生产过程的自动控制称为过程控制，它是过程工业自动化的核心内容。过程控制研究工业生产过程的描述、模拟、仿真、设计、控制和管理，旨在进一步改善工艺操作，提高自动化水平，优化生产过程，加强生产管理，最终显著地增加经济效益。

虽然早期的过程控制系统采用的基地式仪表、气动单元组合式仪表、电动单元组合式仪表等工具在过程工业的多数工厂中还在应用，但随着微处理器和工业计算机技术的发展，目前广泛采用可编程单回路、多回路调节器以及分布式计算机控制系统。近年来迅速发展起来的现场总线网络控制系统，更是控制技术和计算机技术高度结合的产物。正是计算机技术的高速发展，才使得在控制工程中研究和发展起来的许多新型控制理论和方法的应用成为可能。其中，复杂控制系统的解耦控制、时滞补偿控制、预测控制、非线性控制、自适应控制、人工神经网络控制、模糊控制等理论和方法开始在过程控制中发挥越来越重要的作用。

典型的基于计算机控制技术的过程控制系统有直接数字控制系统、分布式计算机控制系统（又称集散控制系统）、两级优化控制系统和现场总线控制系统。直接数字控制系统在许多小型系统中还有一定的应用。大型工业普遍采用的分布式计算机控制系统是在硬件上将控制回路分散化，而数据显示、实时监督等功能则集中化。两级优化控制系统采用上位机和分布式控制系统或电动单元组合式仪表相结合，构成两级计算机优化控制系统，实现高级过程控制和优化控制。这种过程控制系统在算法上将控制理论研究的新成果，如多变量解耦控制、多变量约束控制、预测控制、推断控制和估计、人工神经网络控制和估计以及各种基于模型的控制和动态或稳态最优化等，应用于工业生产过程并取得成功。现场总线控制系统是近年来快速发展起来的一种数据总线技术，主要解决工业现场的智能化仪器仪表、控制器、执行器等现场设备间的数字通信问题，以及这些现场控制设备和高级控制系统间的信息传递问题。现场总线控制系统采用全数字化、双向传输、多变量的通信方式，用一对通信线连接多台数字智能仪表。因此，该系统正在改变传统分布式控制系统的结构模式，把分布式控制系统变革成现场总线控制系统。

三、机器人技术

机器人是最典型的电子信息技术和经典的机构学结合的产物，近年来国际上泛指的高级机器人，是指具有一定程度感知、思维及作业的机器。这里的感知是指装上各种各样传感器，能处理各种参数；思维泛指一定信息综合处理能力及局部动作规划及决策；作业泛指各种操作及行走、游泳（水下机器人）及空间飞翔等。目前，机器人主要分为两大类：一类是用于制造环境下的工业机器人，如焊接、装配、喷涂、搬运等的机器人；另一类是用于非制造环境下的特种机器人，如水下机器人、农业机器人、微操作机器人、医疗机器人、军用机器人、娱乐机器人等。

20世纪70年代，日本知名的机器人学教授加藤一郎创造了"Mechatroruc"一词，即把传统机构与电子技术相结合（中文翻译成机电一体化），作为今后机器进化的方向。其中最具代表性的是数控机床及机器人。经过20年的发展，"Mechatroruc"已不能完全概括当今的发展，机器人化的机器更能概括当前技术的发展与机器进化的方向。所谓机器人化机器，即机器具有一定程度上的"感知、思维、动作"功能，通俗地说，机器人化机器是将传感技术、计算机技术、各种控制方法与传统机械相结合的新一代机器。另外，非结构环境产业，如采矿、运输、建筑等的自动化也是其一个重要的发展方向，它是在传统作业机器上加上传感器及信息处理功能实现机器人化。

我国发展机器人计划有两个：一个是"七五"攻关计划（1985~1990年），主要发展工业机器人，包括点焊、弧焊、喷漆、上下料搬运等机器人及有缆遥控水下机器人；另一个是"863计划"（1986~2000年），在第七个五年计划期间，按国家不重复投资的规定，除布置研究机器人基础技术外，主要以特种机器人为主。

机器人的应用近几年有很大的变化，过去主要用于汽车工业，作业主要是车身组装点焊及底盘弧焊等工序。到了1988年，第一次用于电子电气工业的装配机器人总数超过了用于汽车工业的点焊机器人。随着社会经济的改变，大家发现需要柔性自动化及机器人化生产，特别是使用机器人化生产后可大大提高质量，提高劳动生产率。

未来，随着机器人技术的发展，各式各样的机器人的应用，从工业到家庭服务必将得到进一步普及。

四、飞行器的智能控制

在地球大气层内或大气层外的空间（太空）飞行的器械统称为飞行器。通常飞行器分为航空器、航天器及火箭和导弹三类。在大气层内飞行的飞行器称为航空器，如气球、滑翔机、飞艇、飞机、直升机等；在空间飞行的飞行器称为航天器，如人造地球卫星、载人飞船、空间探测器、航天飞机等；火箭是以火箭发动机为动力的飞行器，可以在大气层内飞行，也可以在大气层外飞行，导弹是装有战斗部的可控制的火箭，有主要在大气层外飞行的弹道导弹和装有翼面在大气层内飞行的地空导弹、巡航导弹等。

飞行器是人类在征服自然、改造自然过程中发明的重要工具。任何一种飞行器均离不开自动控制系统。不同的飞行器控制系统各不相同，系统的性能、功能和结构也可能截然不同。飞行器是自动控制最重要的应用领域，许多先进的、新型控制理论和技术正是为了适应飞行器工程的高要求而发展起来的。飞行器控制的内容非常丰富，下面以导弹的控制问题为例简要说明飞行器控制这一重要的应用领域。

导弹是依靠液体或固体推进剂的火箭发动机产生推进力，在控制系统的作用下，把有效载荷送至规定目标附近的飞行器。导弹的有效载荷一般是可爆炸的战斗部，有效载荷最终偏离目标的距离是导弹系统的关键指标（命中精度），其中目标可以是固定的，也可以是活动的。导弹控制系统的主要任务是：控制导弹有效载荷的投掷精度（命中精度）；对飞行器实施姿态控制，保证在各种条件下的飞行稳定性；在发射前对飞行器进行可靠、准确地检测和操纵发射。

要实现飞行器控制功能涉及导航、制导、姿态控制等方面。所谓导航，是指利用敏感器件测量飞行器的运动参数，并将测量的信息直接或经过变换、计算来表征飞行器在某种坐标系的角度、速度和位置等状态量。而由测量、传递、变换、计算几个环节组成并给出飞行器初始状态和飞行运动参数的系统则称为导航系统。对飞行器进行测速、定位的系统称为无线电导航系统。制导系统的主要功能是利用导航系统提供的飞行器运动参数，对质心运动进行控制，使飞行器从某一飞行状态达到期望的终端条件，保证飞行器以足够的精度命中目标。制导系统俗称大回路。飞行器姿态控制系统又称为稳定控制系统，俗称小回路。姿态控制系统的作用是控制飞行器姿态，保证飞行稳定性，同时实施制导系统（制导规律）产生的制导指令。

飞行控制电子综合系统是实现导航、制导、姿态控制等功能的电子系统，主要包括控制信息的传输、变换、综合，控制信号（指令）生成等涉及系统功能的综合实现、动作指令分配、电源配电、发射前飞行控制系统对准等。

测试与发射控制系统是导弹武器系统的重要组成部分，用以对导弹进行测试、监视和控制发射。为确保导弹准确无误地飞行，在发射前必须检查、测试飞行控制系统各个部分的功能和参数，以及各部分之间的匹配性及相关性。其中，发射控制在发射阵地进行，用于临射状态的过程监视、指挥决策、远距离对导弹的状态操纵、控制点火发射等。

第三章 自动控制原理与应用

第一节 自动控制理论的发展

　　自动控制是指应用自动化仪器仪表或自动控制装置代替人自动地对仪器设备或工业生产过程进行控制，使之达到预期的状态或性能指标。而自动控制理论是研究自动控制共同规律的技术科学，具体发展过程可分为三个阶段，即经典控制理论、现代控制理论和智能控制理论。

　　1. 经典控制理论

　　经典控制理论是与人类社会发展密切相关的一门学科，是自动控制科学的核心。自19世纪麦克斯韦对具有调速器的蒸汽发动机系统进行线性常微分方程描述及稳定性分析以来，经过20世纪初奈奎斯特，H.W.波德，N.B.尼科尔斯，W.R.埃文斯，N.维纳，W.R.伊万斯等人的杰出贡献，终于形成了经典反馈控制理论基础，并于20世纪50年代趋于成熟。

　　经典控制理论的发展初期，是以反馈理论为基础的自动调节原理，其特点是以传递函数为数学工具，采用频域方法，主要研究单输入/单输出线性定常控制系统的分析与设计，常应用于工业控制。但它存在着一定的局限性，即对多输入/多输出系统不宜用经典控制理论解决，特别是对非线性时变系统更是无能为力。

　　2. 现代控制理论

　　随着20世纪40年代中期计算机的出现及其应用领域的不断扩展，

促进了自动控制理论朝着更为复杂也更为严密的方向发展，特别是在卡尔曼提出的可控性和可观测性概念以及极大值理论的基础上，从20世纪60年代开始出现了以状态空间分析（应用线性代数）为基础的现代控制理论。

现代控制理论本质上是一种时域法，其研究内容非常广泛，主要包括三个基本内容：多变量线性系统理论，最优控制理论以及最优估计与系统辨识理论。现代控制理论从理论上解决了系统的可控性、可观测性、稳定性以及许多复杂系统的控制问题。它所采用的方法和算法更适合于在数字计算机上进行，为设计和构造具有指定的性能指标的最优控制系统提供了可能性。

3.智能控制理论

随着现代科学技术的迅速发展，生产系统的规模越来越大，形成了复杂的大系统，导致控制对象、控制器以及控制任务和目的的日益复杂化，从而导致现代控制理论的成果很少在实际中得到应用。同时，经典控制理论和现代控制理论在应用中遇到了不少难题，影响了它们的实际应用。分析其主要原因有三：一是此类控制系统的设计和分析，因为是建立在精确的数学模型的基础上的，而实际系统由于存在不确定性、不完全性、模糊性、时变性、非线性等因素，一般很难获得精确的数学模型。二是假设过于苛刻，研究这些系统时人们必须提出一些比较苛刻的假设，而这些假设在应用中往往与实际不符。三是为了提高控制性能，整个控制系统变得极为复杂，这不仅增加了设备投资，也降低了系统的可靠性。

在这样的背景下，第三代控制理论，即智能控制理论被大家提出的，它是人工智能和自动控制交叉的产物，是当今自动控制科学的重要分支之一。智能控制理论其核心思想是通过模仿人类智能，如学习、推理、自适应等能力，来解决复杂、非线性、不确定性的控制问题。智能控制理论通过融合人工智能、生物学和优化理论，突破了传统控制对数学模型的高度依赖，为复杂系统提供了灵活、自适应的解决方案。尽管其理论体系仍在发展中，但已在工业、医疗、交通等领域展现出巨大潜力，成为自动化技术迈向智能化的重要支柱。

第二节 自动控制系统

一、基本认知与常识的研究

（一）自动控制的基本原理、组成及控制方法

1. 自动控制系统的基本原理

在现代科学技术的众多领域中，自动控制技术起着越来越重要的作用。所谓自动控制，是指在没有人直接参与的情况下，利用外加的设备或装置（控制装置或控制器），使机器、设备或生产过程（统称被控对象）的某个工作状态或参数（即被控量）自动地按照预定的规律运行。近几十年来，随着电子计算机技术的发展和应用，在宇宙航行、机器人控制、导弹制导以及核动力等高新技术领域中，自动控制技术具有特别重要的作用。不仅如此，自动控制的应用现已扩展到生物、医学、环境、经济管理等其他许多领域中，成为现代社会活动中不可或缺的重要组成部分。

自动控制发展初期，是以反馈理论为基础的自动调节原理，主要用于工业控制。为了实现各种复杂的控制任务，首先要将被控对象和控制装置按照一定的方式连接起来，组成一个有机整体，这就是自动控制系统。在自动控制系统中，被控对象的输出量即被控量是要求严格加以控制的物理量，它可以要求保持为某一恒定值，如温度、压力、液位等，也可以要求按照某个给定规律运行，如飞机航行、记录曲线。而控制装置则是对被控对象施加控制作用的机构的总体，它可以采用不同的原理和方式对被控对象进行控制，但最基本的一种是基于反馈控制原理组成的反馈控制系统。

在反馈控制系统中，控制装置对被控对象施加的控制作用，是取自被控量的反馈信息，用来不断修正被控量与输入量之间的偏差，从而实现对被控对象进行控制的任务。下面我们通过一个例子来说明反馈控制的原理。

厨师用一台电热烤炉来烤制某种食品，温度以 150℃时为宜，为此在烤炉上装了一支水银温度计。食品原料装入后，便将电源开关 S 接通，烤炉的

电阻 R 通电加热；温度达到 150℃时，再把开关 S 断开，烤炉内的温度便逐步下降，当温度低于 150℃时，又要将开关 S 合上，这样反复操作直到食品取出为止。显然在这个过程中，这位厨师需要一直坚守岗位，如果疏忽大意，烘烤的食品不是半生不熟就是被烤焦了不能食用。

如果把水银温度计换成一套控温仪表，它不但能显示当前炉内温度，而且它还有一对控制接点，再把手动开关换成交流接触器。当我们把食品原料放入烤炉以后，将电源接通，接触器 KM 的线圈得电，烤炉的电阻 R 通电加热；温度达到 150℃时，接触器 KM 断电，其工作过程与前面的情况相同，但炉温可以自动保持在 150℃左右，不再需要人的参与。

同样是控制电热烤炉的温度，还可以采用另外一种方法，厨师操作一只调压器，当炉温接近 150℃时，把输送到电阻 R 上的电压适当降低，当炉温低于 150℃时又适当提高这个电压，这样也可以将炉温保持在 150℃上下，但是还得依靠人工操作。

我们将水银温度计换成另一种控温仪表，调压器也改用由电动机带动滑动电刷的调压器，这时当炉温度低于 150℃时，调压器输出电压变为最高以加快升温速度，炉温接近 150℃时，输出电压将适当下降，超过 150℃时输出电压为零。显然，这样炉温同样可以自动保持在 150℃左右，也不需要人的参与。

如果上述第一、第二种控制方法与第三、第四相比较，不难看出前者的加热电压是不变的，电阻上的电流则是时有时无；后者的加热电压是变化的，电阻上的电流大小随炉温变化，一般情况下不致完全断电，这样烤炉的温度波动会小些，但是控温装置显然也要复杂些。

2. 自动控制系统的基本组成

自动控制系统是由各种结构不同的元部件组成，从完成"自动控制"这一职能来看，一个系统必然包含被控对象和控制装置两大部分，而控制装置是由具有一定职能的各种基本元件组成。但在不同系统中，结构完全不同的部件却可以具有相同的职能。

组成系统的元部件按职能分类主要有以下几种：

（1）测量元件：其职能是检测被控制的物理量，如果这个物理量是非电量，一般要再转换为电量。

（2）给定元件：其职能是给出与期望的被控量相对应的系统输入量（即参据量）。

（3）比较元件：其职能是把测量元件检测的被控量实际值与给定元件给出的参据量进行比较，求出它们之间的偏差。

（4）放大元件：其职能是将比较元件给出的偏差信号进行放大，用来推动执行元件去控制被控对象。

（5）执行元件：其职能是直接推动被控对象，使其被控量发生变化。

（6）校正元件：也叫补偿元件，它是结构或参数便于调整的元部件，用串联或反馈的方式连接在系统中，以改善系统的性能。

3. 自动控制系统的基本控制方式

反馈控制是自动控制系统最基本的控制方式，也是应用极广泛的一种控制方式。此外，还有开环控制方式和复合控制方式，它们都有其各自的特点和不同的适用场合。

（1）反馈控制方式：反馈控制方式也称为闭环控制方式，是指系统输出量通过反馈环节返回来作用于控制部分，形成闭合环路的控制方式。其特点是无论什么原因使被控量偏离期望值而出现偏差时，必定会产生一个相应的控制作用去减小或消除这个偏差，使被控量与期望值趋于一致。可以说，按反馈控制方式组成的反馈控制系统，具有抑制任何内、外扰动对被控量产生影响的能力，有较高的控制精度。但这种系统使用的元件多，结构复杂，特别是系统的性能分析和设计也较麻烦。尽管如此，它仍是一种重要的并被广泛应用的控制方式，自动控制理论主要的研究对象就是用这种控制方式组成的系统。

（2）开环控制方式：开环控制方式是指控制装置与被控对象之间只有顺向作用而没有反向联系的控制过程，其特点是系统的输出量不会对系统的控制作用发生影响。

（3）复合控制方式：按扰动控制方式在技术上比按偏差控制方式简单，但它只适用于扰动是可测量的场合，而且一个补偿装置只能补偿一种扰动因素，对其余扰动均不起补偿作用。因此，比较合理的一种控制方式是把按偏差控制与按扰动控制结合起来，对于主要扰动采用适当的补偿装置实现按扰动控制，同时再组成反馈控制系统实现按偏差控制，以消除其余扰动产生的偏差。这样，系统的主要扰动已被补偿，反馈控制系统就比较容易设计，控制效果也会更好。这种按偏差控制和按扰动控制相结合的控制方式称为复合控制方式。

（二）自动控制系统的分类

自动控制系统有多种分类方法。按控制方式可分为开环控制、反馈控制、复合控制等；按元件类型可分为机械系统、电气系统、机电系统、液压系统、气动系统、生物系统；按系统功能可分为温度控制系统、位置控制系统等；按系统性能可分为线性系统和非线性系统、连续系统和离散系统、定常系统和时变系统、确定性系统和不确定性系统等；按参据量变化规律可分为恒值控制系统、随动系统和程序控制系统等。一般为了全面反映自动控制系统的特点，常常将上述各种分类方法组合应用。下面简单介绍以下三种控制系统。

1. 线性连续控制系统

这类系统可以用线性微分方程式描述。按其输入量的变化规律不同，又可将这种系统分为恒值控制系统、随动系统和程序控制系统。

2. 线性定常离散控制系统

离散控制系统是指系统的某处或多处的信号为脉冲序列或数码形式，因而信号在时间上是离散的。连续信号经过采样开关的采样就可以转换成离散信号。一般在离散系统中既有连续的模拟信号，也有离散的数字信号，因此，离散系统要用差分方程描述。工业计算机控制系统就是典型的离散系统。

3. 非线性控制系统

系统中只要有一个元部件的输入——输出特性是非线性的，这类系统就称为非线性控制系统，这时要用非线性微分（或差分）方程描述其特性。非线性方程的特点是系数与变量有关，或者方程中含有变量及其导数的高次幂或乘积项。由于非线性方程在数学处理上较困难，目前对不同类型的非线性控制系统的研究还没有统一的方法。但对于非线性程度不太严重的元部件，可采用在一定范围内线性化的方法，将非线性控制系统近似为线性控制系统。

（三）对自动控制系统的基本要求

自动控制理论是研究自动控制共同规律的一门学科。尽管自动控制系统有不同的类型，对每个系统也有不同的特殊要求，但对于各类系统来说，在已知系统的结构和参数时，我们感兴趣的都是系统在某种典型输入信号下，其被控量变化的全过程。对每一类系统被控量变化全过程提出的共同基本要求都是一样的，可以归结为稳定性、快速性和准确性，即稳、准、快的要求。

1. 稳定性

稳定性是保证控制系统正常工作的先决条件，是系统受到外作用后，其动态过程的振荡倾向和系统恢复平衡的能力。如果系统受到外作用后，经过一段时间，其被控量可以达到某一稳定状态，则称系统是稳定的。还有一种情况是系统受到外作用后，被控量单调衰减，在这两种情况中系统都是稳定的，否则称为不稳定。另外，若系统出现等幅振荡，即处于临界稳定的状态，这种情况也可视为不稳定。其中，线性自动控制系统的稳定性是由系统结构决定的，与外界因素无关。

2. 快速性

为了很好完成控制任务，控制系统仅仅满足稳定性要求是不够的，还必须对其过渡过程的形式和快慢提出要求，这一般称为动态性能。快速性是通过动态过程时间长短来表征的，系统响应越快，说明系统复现输入信号的能力越强。

3. 准确性

理想情况下，当过渡过程结束后，被控量达到的稳态值应与期望值一致。但实际上，由于系统结构、外作用形式以及摩擦、间隙等非线性因素的影响，被控量的稳态值与期望值之间会有误差存在，这一般称为稳态误差，稳态误差是衡量控制系统精度的重要标志。若系统的最终误差为零，则称为无差系统，否则称为有差系统。

二、性能指标评述

控制系统性能的评价分为动态性能指标和稳态性能指标两类，动态性能指标又可分为跟随性能指标和抗扰性能指标。为了评价控制系统时间响应的性能指标，需要研究控制系统在典型输入信号作用下的时间响应过程。

在典型输入信号作用下，任何一个控制系统的时间响应都是由动态过程和稳态过程两部分组成。首先是动态过程。动态过程又称过渡过程，指系统在典型输入信号作用下，系统输出量从初始状态到最终状态的响应过程。由于实际控制系统具有惯性、摩擦以及其他一些原因，系统输出量不可能完全复现输入量的变化。根据系统结构和参数选择情况，动态过程表现为衰减、发散或等幅振荡形式。显然，一个可以实际运行的控制系统，其动态过程必须是衰减的，换句话说，系统必须是稳定的。动态过程除提供系统稳定性的信息外，还可以提供响应速度及阻尼情况等信息，这些信息用动态性能描述。其次是稳态过程。稳态过程是指系统在典型输入信号作用下，当时间趋于无穷大时，系统输出量的表现方式。稳态过程又称稳态响应，表征系统输出量最终复现输入量的程度，提供系统有关稳态误差的信息，用稳态性能描述。

（一）动态性能

稳定是控制系统能够运行的首要条件，因此，只有当动态过程收敛时，研究系统的动态性能才有意义。

1. 跟随性能指标

通常在阶跃函数作用下，测定或计算系统的动态性能。一般认为，阶跃输入对系统来说是最严峻的工作状态。如果系统在阶跃函数作用下的动态性能满足要求，那么系统在其他形式的函数作用下，其动态性能也是令人满意的。

2. 抗扰性能指标

如果控制系统在稳态运行中受到扰动作用，经历一段动态过程后，又能达到新的稳态，则系统在扰动作用之下的变化情况可用抗扰动性能指标来描述。

（二）稳态性能

稳态误差是描述系统稳态性能的一种性能指标，通常在阶跃函数、斜坡函数、加速度函数作用下进行测定或计算。若时间趋于无穷时，系统的输出量不等于输入量的确定函数，则系统存在稳态误差。稳态误差是系统控制精度或抗扰能力的一种度量。

评价控制系统的性能，除了用以上动态性能指标和稳态性能指标外，还有以下几个最常用的指标：

1. 衰减比

衰减比是衡量控制系统过渡过程稳定性的重要动态指标，它的定义是第一个波的振幅 B 与同方向的第二个波的振幅 B' 之比，即 n=B/B'。显然对于衰减振荡来说，n>1，n 越小就说明控制系统的振荡越剧烈，稳定度越低；n=1，就是等幅振荡；n 越大，意味着系统的稳定性越好，根据实际经验，以 n=4~10 为宜。

2. 静差

静差即静态偏差，有些场合也称为余差，它是控制系统过渡过程终结时被控变量实际稳态值与目标值之差，静差是反映控制准确性的一个重要稳定指标。系统受干扰作用的过渡过程，新的稳态值为 c（∞），如果原来的稳态值也就是目标值为 c（0），两者相差为 c，这个系统就称为有差系统；目标值发生改变后系统的过渡过程，新的稳态值 c（∞）如果和新的目标值一致，这个系统就称为无差系统。

另外，不是所有的控制系统都要求静差为零，通常只要静差在工艺允许的范围内变化，系统就可以正常运行。

3. 振荡周期

在系统的过渡过程中，相邻两个同向波峰所经过的时间，即振荡一周所需的时间称为振荡周期（Tp），其倒数就是振荡频率（ω）。

必须指出，这些指标相互之间是有内在联系的，我们应根据生产工艺的具体情况区别对待，对于影响系统稳定和产品质量的主要控制指标应提出严格的要求，在设计和调试过程中优先保证实现，只有这样控制系统才能取得良好的经济效益。

三、常用低压电气及电子元器件

（一）常用低压电器

凡是在电能的生产、输送、分配和使用过程中起到控制、调节、检测、转换及保护作用的电工器械均可称为电器。用于交流电路额定电压在 1 200V

以下、直流电路额定电压在1 500V以下的电器则称为低压电器。电器的用途广泛，功能多样，种类繁多，构造各异。下面主要研究在电气控制系统中常用的低压电器，为进行控制系统设计打下基础。

1. 熔断器

熔断器是一种结构简单、使用方便、价格低廉的保护电器，广泛用于供电线路和用电设备的严重过载和短路保护。熔断器通常由熔体和熔座两部分组成，结构形式有插入式、螺旋式、填料密封管式、无填料密封管式等，品种很多。常用的有RL6、RLS2、RT14、RT18、RT20、NT、NGT等系列。

2. 接触器

接触器是一种通用性很强的电磁式电器，它可以频繁地接通和分断交直流主电路，并可实现远距离控制，主要用来控制电动机，也可以控制电容器、电热设备和照明器具等负载。接触器具有一定过载能力，但不能切断短路电流；它具有失电压保护功能，但本身没有过载保护功能。交流接触器的主触点通常有3对，直流接触器主触点为2对，还带有一定数量的辅助触点。近年来还出现了真空接触器和由晶闸管组成的无触点接触器。

3. 继电器

继电器是一种根据某种输入信号的变化来接通或断开控制电路，实现自动控制或保护作用的电器。继电器通常由输入电路（又称感应元件）和输出电路（又称执行元件）两部分组成，当感应元件中的输入量如电压、电流、温度、压力等变化到某一定值时执行元件动作，接通或断开控制回路。继电器的种类很多，随着电子技术的发展，新型电子式小型继电器比传统的继电器灵敏度更高、体积更小、功能更强、寿命更长，应用日益普遍。

4. 低压断路器

低压断路器俗称自动空气开关或自动开关，它相当于刀开关、熔断器、热继电器、过电流继电器、欠电压继电器的功能组合，有些低压断路器还带有若干对辅助控制触点，是一种既有手动开关作用又能自动进行欠电压、失电压过载和短路保护的电器，它在低压配电系统中起着非常重要的作用。低压断路器通常用于不频繁地接通和分断电路，也可以用来控制电动机。低压断路器与接触器不同的是，接触器可以频繁地接通或分断电路，但不能分断短路电流；低压断路器则不仅可以分断额定电流，而且能够分断短路电流，但不宜频繁操作。

5. 主令电器

主令电器是在自动控制系统中发出指令或信号的电器，用来控制接触器、继电器或其他电器元件，使电路接通或分断，从而改变控制系统工作状态。主令电器种类很多，主要有按钮、行程开关、接近开关、万能转换开关、主令控制器及脚踏开关、紧急开关等。

（二）常用电气元件

1. 蜂鸣器

蜂鸣器通电后会发出报警声音，以提醒工作人员注意。蜂鸣器有压电式、机械式、电磁式等，蜂鸣器的工作电压有 DC6V、DC12V、DC24V、DC36V、AC220V、AC380V 等不同的电压等级，报警声音也有很多种。

2. 电能表

电能表主要是用来计量线路中的输入、输出或两者之间的电能（也叫千瓦时，记为 kW·h），电能表多数情况下用于计量负载侧（用户）消耗的电能。交流电能表有单相、三相四线或三相三线之分，居民家中使用的多为单相电能表，工业或单位使用的多数为三相四线或三相三线电能表。电能表的电压和电流接线有一定的相序（顺序），需要按说明书接线，如果电能表倒转则把所有三相的电流进出接线同时对调一下，单相表则对调一下。

3. 功率因数表

功率因数是指交流线路中电压和电流的相位角的余弦值，它的值在 0~1 之间，工业中大量使用的电气装置多数为感性负载（如电动机、变压器等），这就造成线路的电流相位滞后于电压相位 0°~90°，这样负载侧除实际消耗的功率外还占用了电源的无功功率，致使电能的利用率下降，线路损耗增加。实际应用中人们利用电容负载电流相位超前电压相位 0°~90°的特性对功率因数进行补偿，使其尽量接近1，以解决无功损耗问题。

4. 刀开关

刀开关在过去的配电设备中是一种较常见的通断电控制装置，有 2 位和 3 位刀开关，刀开关上的熔丝起过载或短路保护的作用，合上开关电流接通，拉下开关电源断开,上端口接进电侧,下端口接用户负载。

5. 漏电开关

漏电开关主要用于保护人身安全,有单相和三相漏电开关之分,它的主要原理是线路中各相电流的矢量之和为零。

6. 气缸

气缸在自动化生产线和单机自动化设备中经常使用,最常见的是做直线运动和旋转运动,气缸的种类很多,有普通气缸、旋转气缸、双导杆气缸、标准气缸、无杆气缸、双活塞杆气缸、短行程气缸等。气缸通气后产生动作,有的气缸为了产生正反两个动作,要有两个进气口。

7. 开关电源

常规直流线性电源由变压器、整流桥、滤波电容和稳压器件组成,开关电源通过控制开关管的导通占空比来控制输出电压值,它比常规直流线性电源体积小、质量小,所以近年来得到了大量的应用。它的输出电压可以有很多种,并且同时也可以有多组输出。常用的电压输出有:DC5V、DC6V、DC10V、DC12V、DC15V、DC24V 等。

8. 绝缘子

电气控制柜内使用的绝缘子主要用于支撑动力铜排、动力铝排和电控柜的零线接出。

9. 塑料配线槽和金属电缆桥架

控配线槽由槽底和槽盖两部分组成,制相内的线路较多时,为了美观和布线方便,把线放入塑料配线槽中。

10. 尼龙扎带和缠绕管

自锁式尼龙扎带用于捆绑电线,以使布线显得规整。缠绕管(卷式结束保护带)用于保护电线不受磨损及绝缘,并可改进电线的弯曲使之美观,它的使用方法是先用缠绕管固定起点一端,然后按顺时针方向环绕缠紧,即可将电线束为一体。

11. 接线端头、定位块和电缆固定头

用定位块自身的不干胶将定位块粘在柜体上,将电线用自锁式尼龙扎带绑在定位块上,一般用于对少量电线的固定,如柜门上的电线固定(使用配

线槽不方便）。当电线电缆从柜内接出时，为了防止线缆折损和从内部端子上被拉松，需要用电缆固定头将电线固定锁紧。将电线的裸露头插入接线端头，用冷压钳压紧，这样就可以实现可靠的连接，并且拆卸方便。

（三）常见电子元器件及开发工具

1. 电阻

电阻对电流有阻碍作用，就像输水的管路对水流有阻碍作用一样，管道越细，水流动的阻力就越大。电阻也是一样，电阻越大，电流就越小，电阻在电路中起限流、分压等作用。电阻上的电压、电流和电阻要符合欧姆定律，电气控制电路中常用某类电路来得出分压值。

电阻的主要参数是电阻值、功率、精度和温变系数等。常见电阻有金属膜、碳膜、氧化膜、绕线、釉、水泥、贴片、无感、光敏、压敏、热敏、气敏、熔断等不同类型。有一些电阻对光、某种气体或电压等较敏感，电阻值同时会发生相应的变化。对光和气体敏感的电阻常用于测光和测气的传感器。对电压敏感的电阻，称为压敏电阻，它的特性是电压高于某一值时，电阻会瞬间短路，将电荷放掉，这类电阻和熔断器配合常用于保护内部电路，防止外部高电压对内部电路的损伤。

2. 电容、电感

电容能存储电荷，就像水池能储存水一样，电容上的电压不会突变。电容的主要参数是电容值、耐压、漏电系数、温度系数等。常见的电容有独石、云母、聚乙酯膜、陶瓷、钽、铝电解、金属化聚丙烯薄膜、金属化聚碳酸酯、贴片等不同种类。

电感是指导体在电流变化时产生自感电动势的能力，是电路中的重要储能元件。常见的电感有色环（码）电感、可调电感、滤波电感、空心电感、屏蔽电感、扼流线圈、固定电感、贴片电感、磁珠电感、表面安装电感等。电感有的是用空心线圈做成的，也有的是将线圈缠在其他磁性材料上制成的。电感和电容可以组成LC振荡电路，由于电感中流过的电流不能突变，所以电感在电路中也常被用于消除高频干扰，在变频器中用直流电抗器进行续流。一般情况下，电感的应用场合不如电容和电阻的多。

3. 二极管

二极管的作用有点像供水管路中的单向阀，单向阀只允许水向一个方向流动，当水反向流动时它的阀板由于重力（或弹簧等其他力量）就关闭。二极管的主要参数有最大电流、耐压系数、最高工作频率、正反电阻、压降、稳压值、发光颜色等。常见的的种类有检波、整流、开关、稳压、快恢复、发光、光敏、激光等。二极管对于电流有单向导通作用，二极管其实就是一个 PN 结，它允许电流从 P（正）端流向 N（负）端，电流可以顺箭头所指方向流过。二极管的压降约为 0.3V（锗管）和 0.7V（硅管）。

二极管反向不导通，但是当反向电压高于某一值时，会发生反向雪崩击穿，利用二极管的这一特性可以做成稳压管，稳压二极管的作用是将不稳定的电压经过电阻和稳压二极管后变为稳定的电压输出，在电路中常用作稳定的供电电源或是电压基准。

4. 晶体管

晶体管在电路中主要起放大（反相或驱动）作用，它的主要参数有放大倍数、耐压、最大电流、提高工作频率等。晶体管类似于管道上的按压式冲水阀（或液压千斤顶），人用很小的力，就可以控制输出一个较大的力。晶体管可分为 NPN 型和 PNP 型。

5. 三端稳压器

三端稳压器是由很多电阻、二极管和晶体管组成的集成电路，它的主要作用就是将输入的直流电压变为一个稳定的输出电压，三端中的一个端为输入端、一个端为输出端、另一个端为公共地。

6. 数码管

数码管是由多个发光二极管按照阿拉伯数字"8"的形状排列组成，数码管有共阴极和共阳极之分，颜色有红、绿、黄、蓝等不同种类。

7. 放大器

放大器是由很多电阻、二极管和晶体管组成的集成电路，它的主要作用就是将输入信号放大。

8. 与门

与门电路是数字电路中的基本单元之一，它是由很多电阻、二极管、晶体管组成的集成电路。

9. 或门（异或门）

或门是数字电路的基本单元之一，它也是由很多电阻、二极管和晶体管组成的集成电路。

10. 非门

"非"门（反相门）是数字电路的基本单元之一。

11. 触发器

触发器有 D 和 JK 等几种形式，它是数字电路的基本单元之一。

12. A/D 转换器

A/D 转换器（模拟/数字转换器）用于将模拟信号转换成数字信号（二进制信号），A/D 转换器转换为二进制的位数决定了它的分辨率，如把 0~5V 信号转换成 8 位数字二进制信号，也就是转换成 0~255，如转换成 10 位二进制数则为 0~1 023，显然位数越高，精度也越高。为了减少 A/D 转换器的引脚数有用串行方式输出二进制数据的 A/D 转换器，有的 A/D 转换器还可以直接输出十进制的 8421 码。

13. D/A 转换器

D/A 转换器（数字/模拟转换器）用于将数字电路的二进制信号转换成模拟信号输出，它与 A/D 转换器的原理相反，D/A 转换器的分辨率有 8 位、10 位、12 位、14 位等，分辨率越高，其 D/A 转换输出的模拟信号就越精细，精度也就越高。

14. 存储器

存储器是专门用于存放程序和数据的器件，它有很多种类，包括随机存储器 RAM、可擦除存储器 EPROM（紫外线擦除）、E2PROM（电擦除）、Flash（闪存）、只读存储器 ROM 等，它的主要参数有存储容量、读写方式、存储位数、存储速度等。

15. 单片机系统及开发设备

单片机可以按照预先编好的程序，能完成诸如数据输入、复杂运算、数据显示、动作输出等功能，它可以接收外围器件的模拟信号输入、显示数据到外围显示器件、接收按键指令、输出模拟信号、接收开关量信号、输出开关量信号等。以单片机控制为中心的设备开发，需要用专门的单片机开发设备，对其进行编程调试，形成完整的单片机产品，如 PID 控制器、数据显示仪等。

16. 电路绘图及制板软件 Protel

具有一定功能的电路，是由电子元器件在印制电路板上焊接后连在一起来实现的。用于绘制电子线路图和设计印制电路板最常用的软件是 Protel，Protel 软件用于电子电路绘图时，先从元器件库中把你所要使用的元器件调入画面中，并选定好封装形式、输入数值或标记，然后将各引脚根据设计的电子电路连接好，最后形成网点图。Protel 软件用于绘制印制电路板设计时，先画出印制电路板的尺寸，再将设计的电子电路的网点图及所用到的电子元器件调入该印制线路板中，将元器件在该印制电路板上做一个基本布局，选择在哪个面上布线，哪个面上布件，是单面、双面还是多面等，然后可以选择人工布线或自动布线方式进行布线操作，布完线，可以让 Protel 软件将电子电路图和制板图做一个对比检查，看有无错误。在丝网印刷层写好附加信息（如编号、公司等），最后，可以将设计好的印制板电子文档发送到专门的制板厂加工即可。

四、电气自动化控制系统动力设备和传感器研究

1. 电动机

电动机是电气自动化领域最常见的动作执行装置，接入合适的电源后电动机将产生旋转运动。电动机因供电电源不同而分为直流电动机和交流电动机。早期由于直流电动机的调速方法易实现且调速性能好，其在工业调速领域中发挥了主要作用。随着电力电子技术的快速发展，目前交流调速技术已经成熟，由于直流电动机的碳刷存在磨损和打火问题，易发生故障，所以近年来直流电动机正逐渐被交流电动机所取代。不过在很多小型的电子装置中，直流电动机仍发挥着主要作用，如录音机、录像机、照相机等。

2. 变压器

变压器由绕在特制铁心上的几组线圈组成，变压器因用途不同分为电力

变压器、自耦减压变压器和控制变压器等，常见变压器有单相变压器和三相变压器。自动化控制领域常用的为控制变压器和自耦减压变压器。其中，控制变压器用于为控制电路或装置提供低压电源或提供抗干扰隔离电源，它的主要参数为额定功率、输入电压和输出电压等，常用的输出电压为 AC6V、AC12V、AC24V 和 AC36V 等。自耦减压变压器是通过缠在铁芯上的同一组线圈在不同处的抽头来实现升压或降压的，在电气自动化领域应用较多的是启动电动机用的三相自耦减压变压器，多数三相自耦减压变压器有 65% 和 85% 两组减压抽头，其主要参数为功率。

3. 电磁阀

电磁阀是一种控制液体或气体通断的装置，通电后电磁阀动作，断电后恢复原状态。电磁阀分为通电关闭和通电打开两种，这主要是从安全角度考虑的，有些控制过程要求突然断电时，要把介质关断（如煤气）才行，而另一些控制过程可能要求突然断电后打开才安全，当要求对多路气体或液体进行通断控制时，就要用多位多通电磁阀。

4. 传感器

在工业企业中，为了保证生产安全、产品质量和实现生产过程自动化，必须用检测装置来准确而及时测定各种工艺参数，传感器就是检测装置的关键器件。传感器通常由直接响应于被测量的敏感元件和产生可用信号输出的转换元件以及相应的电子线路所组成。在不同的技术领域中对于传感器一类的器件还有其他的名称，例如，在电子技术领域，通常把能感受信号的电子元器件称为敏感元件，如热敏元件、磁敏元件、光敏元件及气敏元件；在超声波技术中则更强调能量转换，如压电式换能器等。

第三节 工业以太网在自动控制中的应用

一、概述

在工业生产中，随着生产规模的扩大和复杂程度的提高，实际应用对控制系统的要求越来越高。在 20 世纪 50~60 年代，以模拟信号为主的电子装置和自动化仪表组成的监控系统取代传统的机电控制系统。随后是在 20 世纪 70~80 年代，集散控制系统（Distributed Control System，简称 DCS）的出现，把大量分散的单回路测控系统通过计算机进行集中统一管理，用各种 I/O 功能模块代替控制室仪表，利用计算机实现回路调节、工况联锁、参数显示，数据存储等多种功能，从而实现了工业控制技术的飞跃。

DCS 一般由操作站级、过程控制级和现场仪表组成，其特点是"集中管理，分散控制"，基本控制功能在过程控制级中，工作站级的主要作用是监督管理。分散控制使得系统由于某个局部的不可靠而造成对整个系统的损害降到较低的程度，且各种软硬件技术不断走向成熟，极大地提高了整个系统的可靠性，因而迅速成为工业自动控制系统的主流。但 DCS 的结构是多级主从关系，底层相互间进行信息传递必须经过主机，从而造成主机负荷过重、效率低下，并且主机一旦发生故障，整个系统就会"瘫痪"。而且 DCS 是一种数字—模拟混合系统，现场仪表仍然使用传统的 4~20mA 模拟信号，工程与管理成本高、柔性差。此外，各制造商的 DCS 自成标准，通讯协议封闭，极大地制约了系统的集成与应用。

进入 20 世纪 90 年代，具有数字化的通信方式、全分散的系统结构、开放的互联网络、多种传输媒介和拓扑结构、高度的环境适应性等特点的现场总线（Fieldbus）技术迅速崛起并趋向成熟，控制功能全面转入现场智能仪表。而在此基础上形成的新的现场总线控制系统（Fieldbus Control System，简称 FCS）综合了数字通信技术、计算机技术、自动控制技术、网络技术和智能仪表等多种技术手段，从根本上突破了传统的"点对点"式的模拟信号或数字—模拟信号控制的局限性，构成一种全分散、全数字化、智能化、双向、互连、多变量、多接点的通信与控制系统。相应的控制网络结构也发生了较大的变化。FCS 的典型结构分为设备层、控制层和信息层，而采用的现场总线技术使得控制将功能下放到现场设备成为了可能，因此，现场总线标准不仅是通信标准，同时也成为了系统标准。目前，FCS 正在走向取代 DCS 并推动着工业控制技术的又一次飞跃。

二、现场总线应用中的问题

1. 标准问题

现场总线控制系统在实际应用中也存在一些问题有待解决，其中最突出的问题就是缺少统一的标准。2000 年初 IEC 公布的 IEC61158 国际标准，产生了 HI（FF）、ControlNet、Profibus、WorldFIP、HSE（FF）、SwiftNet、P-Net、Interbus 等 8 种 IEC 现场总线国际标准子集。IEC 现场总线国际标准制定的结果表明，在相当长的一段时期内，将出现多种现场总线并存的局面，并导致控制网段的系统集成与信息集成面临困难。

无论是最终用户还是工程集成商也包括制造商，都在寻求高性能、低成本的解决方案。但是 8 种类型的现场总线采用不同的通信协议，要实现这些总线的相互兼容和互操作几乎是不可能的事情。每种现场总线都有自己最合适的应用领域，如何在实际中根据应用对象，将不同层次的现场总线组合使用，使系统的各部分都选择最合适的现场总线，对所有人来说，仍然是比较棘手的问题。

2. 系统的集成问题

在实际应用中，一个大的系统很可能采用多种现场总线，特别是中国高速成长的终端用户，在企业的不同发展阶段和国际范围的跨国制造装备采购，几乎不可能统一技术前沿的现场总线。如何把企业的工业控制网络与管理层的数据网络进行无缝集成，从而使整个企业实现管控一体化，显得十分关键。

现场总线系统在设计网络布局时，不仅要考虑各现场节点的距离，还要考虑现场节点之间的功能关系、信息在网络上的流动情况等。由于智能化现场仪表的功能很强，因此，许多仪表会有同样的功能块，组态时要仔细考虑功能块的选择，使网络上的信息流动最小化。同时通信参数的组态也很重要，要在系统的实时性与网络效率之间做好平衡。

3. 存在技术瓶颈

现场总线在应用中还存在一些技术瓶颈问题，主要表现在以下几个方面：①当总线电缆断开时，整个系统有可能瘫痪，这一点目前许多现场总线不能保证。②本安防爆理论的制约。现有的防爆规定限制总线的长度和总线上负载的数量，这限制了现场总线节省电缆优点的发挥。③系统组态参数过分复杂。现场总线的组态参数很多，不容易掌握，但组态参数设定得好坏，对系统性能影响很大。

因此，采用一种统一的现场总线标准对于现场总线技术的发展具有特别重要的意义。为了加快新一代控制系统的发展与应用，各大厂商纷纷寻找其他途径以求解决扩展性和兼容性的问题，业内人士把目光转移到了在商用局域网中大获成功的具有结构简单、成本低廉、易于安装、传输速度高、功耗低、软硬件资源丰富、兼容性好、灵活性高、易于与Internet集成、支持几乎所有流行的网络协议的以太网技术。

三、以太网与TCP/IP

以太网（Ethernet）最早来源于Xerox公司于1973年建造的网络系统，是一种总线式局域网，以基带同轴电缆作为传输介质，采用CSMA/CD协议。Xerox公司建造的以太网非常成功，1980年Xerox、DEC和Intel公司联合起草了以太网标准。1985年，IEEE802委员会吸收以太网为IEEE802.3标准，并对其进行了修改。以太网标准和IEEE802.3标准的主要区别是以太网标准只描述了使用50欧同轴电缆、数据传输率为10Mbps的总线局域网，而且以太网标准包括ISO数据链路层和物理层的全部内容；而IEEE802.3标准描述了运行在各种介质上的、数据传输率从1Mbps~10Mbps的所有采用CSMA/CD协议的局域网，而且IEEE802.3标准只定义了ISO参考模型中的数据链路层的一个子层（即介质访问控制MAC子层）和物理层，而数据链路层的逻辑链路控制LLC子层由IEEE802.2描述。

按照ISO的OSI七层结构，以太网标准只定义了数据链路层和物理层，作为一个完整的通信系统。以太网在成为数据链路和物理层的协议之后，就与TCP/IP紧密地捆绑在一起了。由于后来国际互联网采用了以太网和TCP/IP协议，人们甚至把如超文本连接HTTP等TCP/IP协议组放在一起，称为以太网技术。TCP/IP的简单实用已为广大用户所接受，不仅在办公自动化领域内，而且在各个企业的管理网络、监控层网络也都广泛使用以太网技术，并开始向现场设备层网络延伸。如今，TCP/IP协议成为最流行的网际互联网协议,并由单纯的 TCP/IP 协议发展成为一系列以 IP 为基础的 TCP/IP 协议簇。

以太网支持的传输介质为粗同轴电缆、细同轴电缆、双绞线、光纤等,其最大优点是简单,经济实用,易为人们所掌握,所以深受广大用户欢迎。与现场总线相比,以太网具有以下几个方面的优点:

1. 兼容性好,有广泛的技术支持

基于 TCP/IP 的以太网是一种标准的开放式网络,适合于解决控制系统中不同厂商设备的兼容和互操作的问题,不同厂商的设备很容易互联,能实现办公自动化网络与工业控制网络的信息无缝集成。同时,以太网是目前应用最为广泛的计算机网络技术,受到广泛的技术支持。几乎所有的编程语言都支持以太网的应用开发,如 VB、Java、VC 等。采用以太网作为现场总线,可以提供多种开发工具、开发环境供选择。所以工业控制网络采用以太网,就可以避免其发展游离于计算机网络技术的发展主流外,从而使工业控制网络与信息网络技术互相促进、共同发展,并保证技术上的可持续发展。

2. 易于与 Internet 连接

以太网支持几乎所有流行的网络协议,能够在任何地方通过 Internet 对企业进行监控,能便捷地访问远程系统,共享/访问多数据库。

3. 成本低廉

采用以太网能降低成本,包括技术人员的培训费用、维护费用及初期投资。由于以太网的应用最为广泛,因此,受到硬件开发与生产厂商的广泛支持,具有丰富的软硬件资源,有多种硬件产品供用户选择,硬件价格也相对低廉。目前,以太网网卡的价格只有现场总线的十几分之一,并且随着集成电路技术的发展,其价格还会进一步下降。同时,人们对以太网的设计、应用等方面有很多的经验,对其技术也十分熟悉。大量的软件资源和设计经验可以显著降低系统的开发和培训费用,在技术升级方面无须单独研究投入,从而可以显著降低系统的整体成本,并大大加快系统的开发和推广速度。

4. 可持续发展潜力大

由于以太网的广泛应用,它的发展一直受到广泛的重视并吸引了大量的技术投入。并且,在信息瞬息万变的时代,企业的生存与发展将很大程度上依赖于一个快速而有效的通信管理网络,信息技术与通信技术的发展将更加迅速，也更加成熟，保证了以太网技术的持续发展。

5. 通信速率高

目前，以太网的通信速率为 10M 或 100M，1 000M、10G 的快速以太网也开始应用，以太网技术也逐渐成熟，其速率比目前的现场总线快得多，以太网可以满足对带宽的更高要求。

四、以太网应用于控制时存在的问题

虽然以太网非常的便利，但是传统的以太网是一种商用网络，要应用到工业控制中还存在一些问题。主要有以下几个方面。

1. 存在实时性差，不确定性的问题

传统的以太网采用了 CSMA/CD 的介质访问控制机制，各个节点采用 BEB（Binary Exponential Back-off）算法处理冲突，具有排队延迟和不确定的缺陷，每个网络节点要通过竞争来取得信息包的发送权。通信时节点监听信道，只有发现信道空闲时，才能发送信息；如果信道忙碌则需要等待。信息开始发送后，还需要检查是否发生碰撞，信息如发生碰撞，需退出重发，因此，无法保证确定的排队延迟和通信响应确定性，不能满足工业过程控制在实时性上的要求，甚至在通信繁忙时，还存在信息丢失的危险，从而限制了它在工业控制中的应用。

2. 工业可靠性问题

以太网是以办公自动化为目标设计的，并没有考虑工业现场环境的适应性需要，如超高或超低的工作温度，大电机或其他大功率设备产生的影响，信道传输特性的强电磁噪声等。

3. 以太网不提供电源，必须有额外的供电电缆

工业现场控制网络不仅能传输通信信息，而且要能够为现场设备传输工作供给电源。这主要是从线缆铺设和维护方面考虑，同时总线供电还能减少线缆，降低布线成本。

4. 安全性问题

以太网由于使用了 TCP/IP 协议，因此，可能会受到包括病毒、黑客的非法入侵与非法操作等网络安全威胁。没有授权的用户可能进入网络的控层或管理层,造成安全漏洞。对此,一般可采用用户密码、数据加密、防火墙等多种安全机制加强网络的安全管理,但针对工业自动化控制网络安全问题的解决方案还需要认真研究。

五、工业以太网

一般来讲,工业以太网是专门为工业应用环境设计的标准以太网。工业以太网在技术上与商用以太网(即 IEEE802.3 标准)兼容,工业以太网和标准以太网的异同可以比之于工业控制计算机和商用计算机的异同。以太网要满足工业现场的需要,需达到以下几个方面的要求。

1. 适应性

包括机械特性(如耐振动、耐冲击)、环境特性(如工作温度要求为 -40℃~+85℃,并耐腐蚀、防尘、防水)、电磁环境适应性或电磁兼容性等。

2. 可靠性

由于工业控制现场环境恶劣,对工业以太网产品的可靠性也提出了更高的要求。

3. 本质安全与安全防爆技术

对应用于存在易燃、易爆与有毒等气体的工业现场的智能装备以及通信设备,都必须采取一定的防爆措施来保证工业现场的安全生产。现场设备的防爆技术包括隔爆型(如增安、气密、浇封等)和本质安全型两类。与隔爆型技术相比,本质安全技术采取抑制点火源能量作为防爆手段,可以带来以下技术和经济上的优点:结构简单、体积小、重量轻、造价低;可在带电情况下进行维护和更换;安全可靠性高;适用范围广。实现本质安全的关键技术为低功耗技术和本安防爆技术,但是由于目前以太网收发器本身的功耗都比较大,所以低功耗的现场设备(如工业现场以太网交换机、传输媒体以及基于以太网的变送器和执行机构等)设计难以实现。因此,在目前的技术条件下,对以太网系统采用隔爆防爆的措施比较可行。

六、提高以太网实用性的方法

随着相关技术的发展,以太网的发展也取得了本质的飞跃,再借助于相关技术,可以从总体上提高以太网应用于工业控制中的实用性。

1. 采用交换技术

传统以太网采用共享式集线器,其结构和功能仅仅是一种多端口物理层中继器,连接到共享式集线器上的所有站点共享一个带宽,并遵循CSMA/CD协议进行发送和接收数据。而交换式集线器可以认为是一个受控的多端口开关矩阵,各个端口之间的信息流是隔离的,在源端和交换设备的目标端之间提供了一个直接快速的点到点连接。同时不同端口可以形成多个数据通道,端口之间的数据输入和输出不再受CSMA/CD的约束。随着现代交换机技术的发展,交换机端口内部之间的传输速率比整个设备层以太网端口间的传输速率之和还要大,因而减少以太网的冲突率,并为冲突数据提供缓存。

当然交换机的工作方式必须是存储转发方式,这样在系统中只有点对点的连接,不会出现碰撞。多个交换把整个以太网分解成许多独立的区域,以太网的数据冲突只在各自的冲突域里存在,不同域之间没有冲突,可以大大提高网络上每个站点的带宽,从而提高了交换式以太网的网络性能和确定性。

2. 采用高速以太网

随着网络技术的迅速发展,先后产生了高速以太网(100M)和千兆以太网产品和国际标准,现在10G以太网产品也已经面世。通过提高通信速度,结合交换技术,可以大大提高通信网络的整体性能。

3. 采用全双工通信模式

交换式以太网中一个端口是一个冲突域,在半双工情况下仍不能同时发送和接收数据。但是如果采用全双工模式,同一条数据链路中两个站点可以在发送数据的同时接收数据,解决了这种情况下半双工存在的需要等待的问题,理论上可以使传输速率提高一倍。全双工通信技术可以使设备端口间两对双绞线(或两根光纤)上同时接收和发送报文帧,从而也不再受到CSMA/CD的约束,这样任一节点发送报文帧时不会再发生碰撞,冲突域也就不复存在。同时,对于紧急事务信息,则可以根据IEEE802.3,应用报文优先级技术,使优先级高的报文先进入排队系统并先接受服务。通过这种优先级排序,使工业现场中的紧急事务信息能够及时成功地传送到中央控制系统,以便得到及时处理。

4. 采用虚拟局域网技术

虚拟局域网（VLAN）的出现打破了传统网络的许多固有观念，使网络结构更灵活、方便。实际上，虚拟局域网就是一个广播域，不受地理位置的限制，可以根据部门职能、对象组和应用等因素将不同地理位置的网络用户划分为一个逻辑网段。局域网交换机的每一个端口只能标记一个虚拟局域网，同一个虚拟局域网中的所有站点拥有一个广播域，不同虚拟局域网之间广播信息是相互隔离的，这样就避免了广播风暴的产生。

工业过程控制中控制层单元在数据传输实时性和安全性方面都要与普通单元区分开来，使用虚拟局域网在工业以太网的开放平台上做逻辑分割，将不同的功能层、不同的部门区分开，从而达到提高网络的整体安全性和简化网络管理的目的。

随着网络和信息技术的日趋成熟，在工业通信和自动化系统中采用以太网和TCP/IP协议作为最主要的通信接口和手段，向网络化、标准化、开放性方向发展将是各种控制系统技术发展的主要潮流。以太网作为目前应用最广泛、成长最快的局域网技术，在工业自动化和过程控制领域得到了超乎寻常的发展。同时，基于全程一体化寻址，为工业生产提供的标准、共享、高速的信息化通道解决方案，也必将对控制系统产生深远的影响。

第四章　电气自动化技术

随着现代科学技术的飞速发展，电气自动化技术被广泛应用于各个领域。电气自动化技术的应用不仅提高了相关产业的工作效率，而且提高了相关工作人员的工作质量，改善了工作人员的工作环境。为了使读者对电气自动化技术有一个大致的了解，本章将对电气自动化技术的基本概念、影响因素等内容进行阐述，并介绍电气自动化技术发展的意义和趋势。

第一节　电气自动化技术的基本概念

一、电气自动化技术概念

自动化技术是指在没有人员参与的情况下，通过使用特殊的控制装置，使被控制的对象或者过程自行按照预定的规律运行的一门技术。这一技术以数学理论知识为基础，利用反馈原理自觉作用于动态系统，从而使系统的输出值接近或者达到人们的预定值。电气自动化技术是由电子技术、网络通信技术和计算机技术共同构成，其中又以电子技术为核心技术。电气自动化技术具有反应快、传送信号的速度快、精准性高等主要特征。电气自动化技术是工业自动化的关键技术，其实用性非常强，应用范围将越来越广。随着电气自动化产业的迅速发展，电气自动化技术成为扩大生产力的有力保障，成为许多行业重要的设备技术。

自动化生产的实现主要依靠工业生产工艺设施与电气自动化控制体系的

有效融合，将许多优秀的技术作为基础，从而构成能够稳定运作、具备较多功能的电气自动化控制系统。电气自动化控制系统为提高某一项工艺的产品品质，可以减少系统运作的对象，提升各类设施之间的契合度，从而有效增强该工艺的自动化生产效果。对此，目前的电气自动化控制系统将电子计算机技术和互联网技术作为运作基础，并配备了自动化工业生产所需的远程监控技术，利用工业产出的需求及时调节自动化生产参数，利用核心控制室监控不同的自动化生产运作状况。

综上所述，电气自动化技术主要将计算机技术、网络通信技术和电子技术高度集成于一体，因此，对这三种技术有着很强的依赖性。与此同时，电气自动化技术充分结合了这三项技术的优势，使电气自动化控制系统具有更多功能，能够更好地服务于社会大众。此外，应用多项科学技术研发的电气自动化控制系统可以应用于多种设备，控制这些设备的工作过程。在实际应用中，电气自动化控制系统反应迅速、控制精度高，只需要控制相对较少的设备与仪器，就能使整个生产链具备较高的自动化程度，提高生产产品的质量。由此可见，电气自动化技术主要利用计算机技术和网络通信技术的优势，对整个工业生产的工艺流程进行监控，按照实际生产需要及时调整生产线参数，以满足生产的实际需求。

二、电气自动化技术要点分析

电气自动化技术应用过程中的要点主要包括以下四个方面，具体内容如图4-1所示。

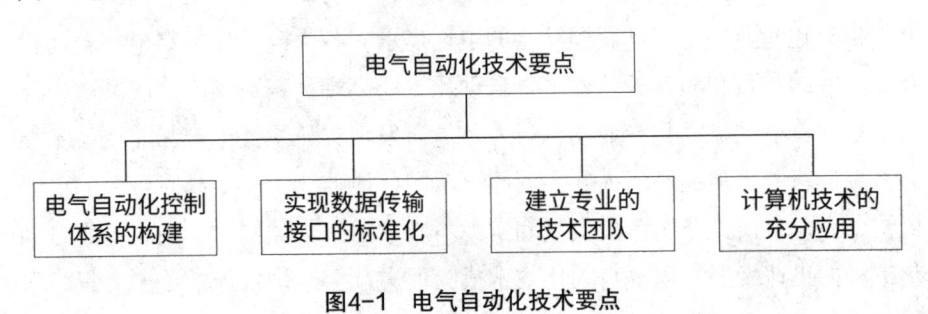

图4-1　电气自动化技术要点

（一）电气自动化控制系统的构建

从1950年初我国开始发展电气自动化专业，到现在电气自动化专业依然焕发着勃勃生机，究其原因是该专业覆盖领域广、适应性强，加之全国各大高校陆续开设同类专业，使这一专业历经多年发展态势仍强劲。电气自动化专业的开设使得该专业的大学生和研究生不断增多，电气自动化专业就业人员的人数也飞速增长。我国对电气自动化专业技术人员的需求越来越大，供求关系随着需求量的增长而增长，如今培养电气自动化专业顶尖技术人才是我国亟须解决的重要问题。为此，我国政府发布了许多有利于培养此类专业型人才的政策，为此类人才的培养创造了便利的条件，使得电气自动化专业及其培养出的人才都可以得到更好的发展。由此可见，我国高校电气自动化专业具备优越的发展条件，属于稳步上升且亟须相关人才的新兴技术行业。就目前情况来看，我国电气自动化专业发展将会更加迅速。

要想有效地应用电气自动化技术，必须要构建电气自动化控制系统。目前，我国构建的电气自动化控制系统过于复杂，不利于实际的运用，并且在资金、环境、人力以及技术水准等方面存在一定的问题，使其无法有效地促进电气自动化技术的发展。为此，我国必须提升构建电气自动化控制系统的水平，降低构建系统的成本，减小不良因素对该系统造成的负面影响，从而构建出具备中国特色的电气自动化控制系统。

电气自动化控制系统的构建应从以下两方面入手。首先，要提高电气自动化专业人才的数量和质量，培养电气自动化专业高端型、精英型人才。虽然当前我国创办的电气企业非常多，电气从业人员和维修人员众多，从业人员的收入也不断上涨，但是我国精通电气自动化专业的优秀人才少之又少，高端、精英、顶尖的专业技能型人才更加稀缺。为此，基于发展前景良好的电气自动化专业的现状和我国社会的迫切需求，各大高校应提高电气自动化专业人才的数量和质量，培养电气自动化专业高端、精英型人才。其次，要大批量培养电气自动化专业的科研人才。研发顶尖科学技术产品需要技术能力高、创新能力强的科研人才，为此，全国各地陆续建立了越来越多的科研机构，专业科研人员团队的数量和实力不断增强。与此同时，随着电气自动化市场的迅速发展，电气自动化技术成为促进社会经济发展的重要力量，电气自动化专业科研人才的发展前景十分乐观。为此，各大高校和科研机构还应该培养一大批技术能力高、创新能力强的电气自动化专业科研人才。

（二）实现数据传输接口的标准化

数据传输接口的标准化建设是数据得以安全、快速传输和电气工程自动化得以有效实现的重要因素。数据传输设备是由电缆、自动化功能系统、设备控制系统以及一系列智能设备组成的，实现数据传输接口的标准化能够使各个设备之间实现互相联通和资源共享，建设标准化的传输系统。

（三）建立专业的技术团队

目前许多电气企业的员工存在技术水平低、整体素养低等问题，实际电气工程的安全隐患较大，设备故障和设施损坏的概率较高，严重时还会导致重大安全事故的发生。因此，电气企业在经营过程中应该招募具备高水准、高品质的人才，利用专业人才提供的电气自动化技术为社会建设提供坚实的保障，降低因人为因素造成的电气设施故障的概率。同时还应该使用有效的策略对企业中的工作人员进行专业的技术培训，如入职培训等，丰富工作人员电气自动化技术的知识和技能。

（四）计算机技术的充分应用

计算机技术的良好发展不仅促进了不同行业的发展，也为人们的日常生活带来了便利。由于当前社会处于快速发展的网络时代，为了构建系统化和集成化的电气自动化控制体系，可以将计算机技术融入电气自动化控制体系中，以此促进该体系朝着智能化的方向发展。将计算机技术融入电气自动化控制体系，不仅可以实现工业产出的自动化，提升工业生产控制的准确度，还可以达到提升工作效率和节约人力、物力等目的。

三、电气自动化技术基本原理

电气自动化技术得以实现的基础在于具备一个完善的电气自动化控制体系，主要设计思路集中于监控手段，具体包括现场总线监控和远程监控。整体来看，电气自动化控制体系中核心计算机的功能是处理、分析体系接受的所有信息，并对所有有效数据进行动态协调，完成相关数据的分类、处理和存储。由此可见，保证电气自动化控制体系正常运行的关键在于计算机系统正常运行。在实际操作过程中，计算机系统通过迅速处理大批量数据来完成电气自动化控制体系设定的目标。

启动电气自动化控制体系的方式有很多，具体操作时需要根据实际情况进行选择。当电气自动化控制体系的功率较小时，可以采用直接启用的方式，以保证体系正常的启动和运行；当电气自动化控制体系的功率较大时，必须采用星形或三角形启用的方式，只有这样才能保证体系正常的启动和运行。此外，有时还可以采用变频调速的方式来启动电气自动化控制体系。但是，无论采用哪种启动方式，只要能够确保电气自动化控制体系中的生产设施能够稳定、安全运行即可。

为了对不同的设备进行开关控制和操作，电气自动化控制体系将对厂用电源、发电机和变压器组等不同电气系统的控制纳入 ECS 监控的范畴，并构成了 220kV/500kV 的发变组断路器出口。该断路器出口不仅支持手动控制电气自动化控制体系，还支持自动控制电气自动化控制体系。此外，电气自动化控制体系在调控系统的同时，还可以对高压厂用变压器、励磁变压器和发电机组等保护程序加以控制。

四、电气自动化技术的优缺点

（一）电气自动化技术的优点

电气自动化技术能够提高电气工程工作的效率和质量，并且使电气设备在发生故障时可以立刻发出报警信号，自动切断线路，增加电气工程的精确性和安全性。由此可见，电气自动化技术具有安全性、稳定性以及可信赖性的优点。与此同时，电气自动化技术可以使电气设备自动运行，相对于人工操作来说，这一技术大大节约了人力资本，减轻了工作人员的工作量。此外，电气自动化控制体系中还安装了 GPS 技术，能够准确定位故障所在处，以此保护电气设备的使用和电气自动化控制体系的正常运行，减少了不必要的损失。

（二）电气自动化技术的缺点

虽然电气自动化技术的优点有很多，但我们也不能忽视其存在的缺点，具体内容如下。

1. 能源消耗现象严重

能源是电气自动化技术得以在各领域应用的基础。目前，能源消耗量过大是电气自动化技术表现出的主要缺点，造成这一缺点的主要原因有两个。第一，在电气自动化控制体系运行的过程中，相关部门对其监管的力度不够，使得电气自动化技术应用时缺少具体的能源使用标准，造成了极大的能源浪费；第二，大部分电气企业在选择电气设备时，仅仅追求电气设备的效率和产量，并未分析电气设备的能耗情况，导致生产过程中使用了能源消耗量极大的电气设备，并造成了能源的浪费。

能源消耗现象严重显然不符合我国节能减排的号召，长此以往，还将对工业的可持续性发展造成影响。因此，为了确保电气自动化技术的良好发展，必须提高相关人员的节能减排意识，从而提高电气自动化控制体系的能源使用效率。

2. 质量存在隐患

纵使当前电气自动化技术已发展得较为成熟，但该技术的质量管理水平方面依旧处于较低的水平。造成这一现象的主要原因在于，我国电气自动化技术起步较晚，缺乏较为完善、合理的管理程序，导致大部分电气企业在应用电气自动化技术时，只侧重于对生产结果及生产效率的关注，忽视了该技术应用时的质量问题。

众所周知，一切有关电器、电力方面的技术和设备，其质量方面必须严格把关。如果此类技术和设备的质量控制水平较低，就极有可能会引发多种用电安全问题，如漏电、火灾等，从而造成严重的后果。由此可见，电气自动化技术和设备的质量问题值得社会各界重点关注。

3. 工作效率偏低

企业生产效率的高低取决于生产力水平的高低，因此，我们必须对我国电气企业工作效率过低的问题予以高度重视。改革开放以来，虽然我国电气自动化技术和电气工程取得了良好的成效，但是电气企业的整体经济收益与电气技术长期稳定的发展、企业熟练地运用电气自动化技术及电气工程技术存在直接关系。目前，电气企业中存在电气自动化技术的使用范围较小、生产力水准较低以及使用方式不当等问题，都是导致我国电气企业工作效率过低的重要因素。

4. 网络架构分散

除了以上缺点外,电气自动化技术还具有网络架构较为分散的显著缺点。电气自动化技术不够统一的网络架构,使得电气自动化控制体系内各项技术的衔接不流畅,无法与商家生产的电器设备接口进行连接,从而影响了电气自动化技术在各领域的应用及发展。

实际上,如果不及时对电气自动化技术网络架构分散的缺点进行改善,很可能导致该技术止步于目前的发展状况,无法取得长远的发展。与此同时,由于我国电气企业在生产软硬件电气设备时,缺乏标准的程序接口设置,导致各个企业间生产的接口设置存在较大的差异,彼此无法共享信息数据,进而阻碍了电气自动化技术的发展。由此可见,我国电气企业要想进一步发展和提高自身生产的精确度和生产效率,就要基于当前的社会发展状况,构建统一的电气工程网络架构及规范该架构的标准。

五、电气自动化技术的优化措施

(一)改善能源消费过剩问题

针对电气自动化技术能耗高的问题,可以从以下三个方面来解决:一是大力支持新能源技术的发展,新能源回收技术将在实践中得到检验;二是在电气自动化技术的设计过程中,根据技术设计标准,合理地引入节能设计,使电气自动化技术的应用不仅可以满足实际的技术要求,而且可以达到降低能耗的目的,真正实现节能减排;三是企业在采购电气设备时,应按照可持续发展的理念来选择新型节能电气设备,尽量减少生产过程中的能耗。

(二)加强质量控制

从前述电气自动化技术的缺点可以看出,电气自动化控制技术质量不高的主要原因是缺乏完善的质量管理体系。因此,电气企业在生产活动中应用电气自动化控制技术时,应按照相关的质量管理标准建立统一、完善的技术管理体系,并针对本企业的各项电气自动化控制技术,建立相应的质检部门,提高电气自动化控制技术在应用过程中的质量管理水平。

(三)建立兼容的网络结构

针对电气自动化技术网络架构不足的问题,电气企业应充分利用现有网络技术的优势，规范、完善电气自动化技术的网络结构。虽然因电气自动化技术的不兼容性，使得该技术的网络架构难以统一，但这并不意味着这个缺点不能改进。在这一方面，建立兼容的网络架构可以弥补电气自动化控制技术中通信的不足，实现系统中存储数据的自由交换，从而促进电气自动化技术的发展和提高。

六、加强电气自动化控制系统建设的建议

针对前文提出的电气自动化技术的缺点，本书整理了改进电气自动化控制系统的建议，具体内容如图4-2所示。

```
                ┌── 电气自动化技术与地球数字化相结合的设想
改进电气自        │
动化控制 ────────┼── 现场总线技术的创新使用可以节省大量的成本
系统的建议        │
                ├── 加强电气企业与相关专业院校之间的合作
                │
                └── 改革电气自动化专业的培训体系
```

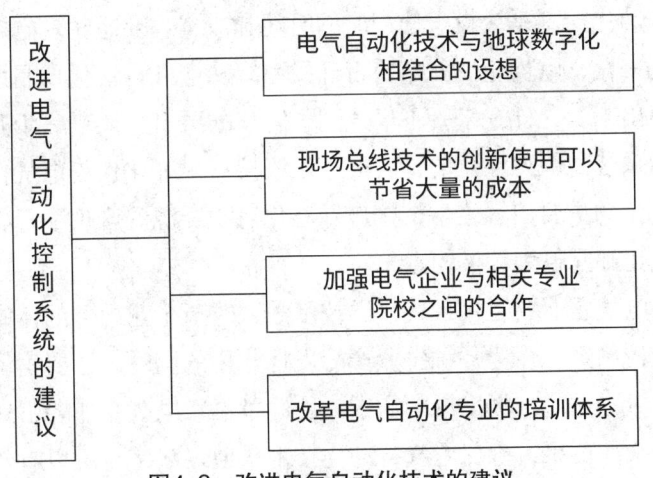

图4-2 改进电气自动化技术的建议

（一）电气自动化技术与地球数字化相结合的设想

在科学技术水平持续增长、经济飞速发展的今天，电气自动化技术得到了普及化的应用。随着国民经济的不断发展和改革开放的不断深入，我国工业化进程的步伐进一步加快，电气自动化控制系统在这一过程中扮演着不可忽视的角色。为了加强电气自动化控制系统的建设，提出了电气自动化技术与地球数字化相结合的设想。

地球数字化中包括自动化的创新经验，可以将与地球有关的、动态表现的、大批量的、多维空间的、高分辨率的信息数据整体作为坐标，并将整理的内容纳入计算机中，再与网络相结合，最终形成电气自动化的数字地球，使人们足不出户也可以了解到电气自动化技术的相关信息。这样一来，人们

若想要知道某个地区的数据信息，就可以按照地理坐标去寻找对应的数据。这也是实现信息技术结合电气自动化技术的最佳方式。

要想实现电气自动化技术与地球数字化互相结合的设想，就要实现电气自动化控制系统的统一化、市场化，安全防范技术的集成化，为此，电气企业需要提升自己的创新能力，政府也要对此予以支持。下面将从电气企业的角度出发，分析其实现电气自动化技术与地球数字化相结合设想应采取的措施。

首先，电气自动化控制系统的统一化不仅对电气自动化产品的周期性设计、安装与调试、维护与运行等功能的实现有着非常重要的影响，而且可以减少电气自动化控制系统投入使用时的时间和成本。要想实现电气自动化控制系统的统一化，电气企业就需要将开发系统从电气自动化控制系统的运行系统中分离出来。这样一来，不仅达到了客户的要求，还进一步升级了电气自动化控制系统。值得注意的是，电气工程接口标准化也是电气自动化控制体系的统一化的重要内容之一，接口标准化对于资源的合理配置、数字化建设效果的优化都有较为积极的意义。

其次，电气企业要运用现代科学技术深入改革企业内部的体制，在保障电气自动化控制系统作为一种工业产品发挥作用的同时，还要确保电气产品进入市场后可以适应市场发展的需求。由此可见，电气企业要密切关注产品市场化所带来的后果，确保电气自动化技术与地球数字化可以有效结合。另外，电气企业研发投入的不单单是开发的技术和集成的系统，还要采取社会化和分工外包的方式，使得零部件的配套生产工艺逐渐朝着生产市场化、专业化方向发展，打造能够实现资源高效配置的电气自动化控制系统产业链条。实际上，产业发展的必然趋势就是产业市场化，实现电气自动化控制系统的市场化发展对于提升电气自动化控制系统来说具有非常重要的作用。

再次，安全防范技术的集成化是电气企业改进电气自动化技术的战略目标之一，其关键在于如何确定电气自动化控制系统的安全性，实现人、机、环境三者的安全。当电气自动化控制系统安全性不高时，电气企业要用最少的费用制订最安全的方案。

最后，电气企业需要不断提升自身的技术创新能力，加大对具备自主知识产权的电气自动化控制系统的科研投入，将引进的新型技术产业进行及时的理解—吸收—再创新，以便在电气自动化技术的创新过程中提供更为先进的技术支持。与此同时，鉴于电气自动化控制系统已成为推动社会经济发展的主导力量，政府应当对此予以重视，完善、健全相关的创新机制，在政策上对其加大扶持力度。

此外，电气自动化控制系统采用了微软公司的标准化接口技术后，大大降低了工程的成本。同时，程序标准化接口解决了不同接口之间通讯难的问题，保证了不同厂家之间的数据交换，成功实现了共享数据资源的目标，为实现与数字地球化互相结合的设想提供了条件。

（二）现场总线技术的创新应用可以节省大量的成本

通过研究电气自动化控制系统可知，该系统使用以太网作为核心的计算机网络，并结合现场总线技术，经过了系统运行经验的积累，使电气自动化技术朝着智能化的方向发展。现场总线技术的创新使用使电气自动化控制系统的建设过程更加凸显其目的性，即高效融合电气设备的生产信息与顶层信息，将该系统的通信途径供应给企业的最底层设施。此外，电气企业在设计电气自动化控制系统时，可以根据间隔不同产生不同效果的特征，实现间隔状况的控制。

将现场总线技术创新应用于电气企业的底层设施中，不仅能够满足网络向工业提供服务的需求，还初步达成了政府管理部门获取电气企业数据的目的，节省了政府搜集信息的成本。

（三）加强电气企业与相关专业院校之间的合作

为了加强电气自动化控制系统的建设，相关专业院校应该积极建设电气自动化专业校内车间和厂区，建设具备多种功能、可以积累经验的生产培训场所，以此促进电气自动化专业人才能力的提升。高校应充分融合相关的数据和信息，针对市场的需要，培养电气自动化技术专业人才。同时，高校还应充分融合实践和教学来促进学生对教材知识的充分掌握，通过实践夯实理论知识，最终培养出能够满足电气企业和市场需求的人才。

为了促进岗位职能与实践水平的有效融合，电气公司应该积极联合相关专业院校联合创建培训基地，在基地内部实行技术生产、技巧培训，集中建设不同功能的生产、学习、试验培训场地。还应根据企业的具体要求，设定相关的理论学习引导策略和培育人才的教学策略。对于订单式人才培育而言，电气企业应该结合企业与高校的优势，通过分析企业的人才需求，与相关专业院校共同制定出人才培育的教学方案，从而实现电气自动化专业人才的针对性培养。

综上所述，高校应该在学生在校期间就开始培养学生的电气自动化技术，并强化与电气企业间的合作，确保学生在校期间就已经具备高超的专业技术，并能够将自身掌握的知识合理地运用于电气自动化技术的实践中，从而促进电气自动化行业的快速发展。电气企业也要积极与高校联系，针对特定的岗位需求，培养出订单式电气自动化专业人才。

（四）改革电气自动化专业的培训体系

首先，高校应该融合不同岗位群体所需要的理论知识和技能水平，以工作岗位为基础，根据岗位特征确定电气自动化专业的教学内容。其次，高校应该将研究对象设置为切实可靠的生产任务，并以此为基础对学生电气自动化技术的实践能力进行测试，并根据测试结果改善课程中的学习内容，将实践、授课和学习三个方面有机结合起来。最后，为了使学生能够深入了解电气自动化具体的工作流程，学校应该在教育教学的过程中，组织相关的实习。

综上所述，为了使电气自动化专业的人才更好地运用自身的知识，推动电气自动化行业的发展，高校应该对在校大学生进行电气自动化技能培养，改革陈旧的电气自动化专业的培训体系，强化学校和电气企业间的合作。

第二节 电气自动化技术的影响因素

为了有效发挥电气自动化技术在各个行业的作用，我们必须探寻与分析影响电气自动化技术发展的因素。为此，本节主要说明电气自动化控制技术的三个影响因素，如图4-3所示。

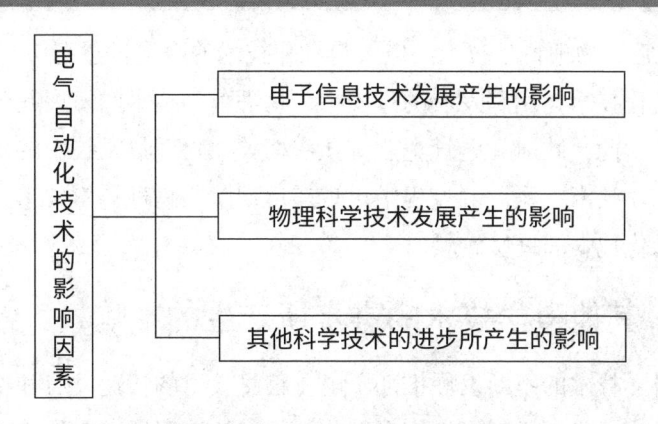

图4-3 电气自动化控制技术的影响因素

一、电子信息技术发展产生的影响

信息技术是指人们管理和处理信息时采用的各类技术的总称,具体包含通信技术和计算机技术等,其主要目标是对有关技术和信息等方面进行显现、处理、存储和传感。现代信息技术,又称"现代电子信息技术",是指为了获取不同内容的信息,运用计算机自动控制技术、通信技术等现代技术,对信息内容进行传输、控制、获取、处理等的技术。

如今,电子信息技术早已被人们熟知,它与电气自动化技术的关系十分紧密,相应的软件在电气自动化技术中得到了良好的应用,能够使电气自动化技术更加安全、可靠。当前,人们处于一个信息爆炸的时代,我们需要尽可能地构建出一套完整、有效的信息收集与处理体系,否则可能无法紧跟时代的步伐。对此,电气自动化技术要想取得突破性的发展,就需要融入最新的电子信息技术,探寻电气自动化技术的可持续发展路径,扩展其发展前景与发展空间。

综上所述,电子信息技术主要是在社会经济的不同范畴内运用的信息技术的总称。对于电气自动化技术而言,电子信息技术的发展可以为其提供优秀的工具基础,电子信息技术的创新可以推动电气自动化技术的发展;同时,不同学科范畴的电气自动化技术也可以反作用于电子信息技术的发展。

二、物理科学技术发展产生的影响

20世纪下半叶,物理科学技术的发展有效地促进了电气自动化技术的发展。至此之后，物理科学技术与电气自动化技术的联系日益密切。总的来说，在电气自动化技术运用和发展的过程中，物理科学技术的发展起到了至关重要的作用。为此，政府和电气企业应该密切关注物理科学技术的发展，以避免电气自动化技术在发展的过程中出现违反现阶段物理科学技术的产物，阻碍电气自动化技术的良性发展。

三、其他科学技术的进步所产生的影响

其他科学技术的不断发展推动了电子信息技术的快速发展和物理科学技术的不断进步，进而推动了电气自动化技术的快速发展。此外，现代科学技术的飞速发展以及分析方法的快速更新，直接推动电气自动化技术设计方法的日新月异。

第三节　电气自动化技术发展的意义和趋势

随着电气自动化技术的发展，人们的生产和生活越来越便利，人们对电气自动化控制体系的关注日益增强。电气自动化技术具有的信息化、智能化、节约化等主要优势，可以持续促进社会经济的发展。基于此，政府部门和电气企业为满足市场发展过程中的相关需求，为促进电气自动化控制体系的智能化、开放化发展，应该加大对电气自动化控制体系的投入力度，有效促进电气自动化控制体系功能的提升。

一、电气自动化技术发展的意义

随着电气自动化技术的不断发展，电气自动化控制设备已经走向成熟阶段，我国消费群体及用户对电气自动化控制设备在性能与可靠性方面的要求越来越高，其中，提高电气自动化控制设备运行的可靠性是人们最基本的要求，这是因为具有可靠性的电气自动化控制设备可以将设备出现故障的概率控制在较小范围内，不仅提高了该设备的使用效率，还降低了使用单位的维护与管理方面的成本投入。所以，如何提高电气自动化控制设备的可靠性成

为人们亟待解决的问题。

电气自动化控制设备的可靠性主要体现在以下几个方面：设备自身的经济性、安全性与实用性。按照实际生产经验来看，电气自动化控制设备的可靠性与产品生产和加工质量都有十分密切的关系，而电气产品生产和加工质量与电气自动化技术有关。由此可见，发展电气自动化技术对提高电气自动化控制设备的可靠性具有重要的意义。

二、电气自动化技术的发展趋势

IEC 61131 的颁布以及 Microsoft 的 Windows 平台的广泛应用，使得计算机技术在当前和未来电气自动化技术的发展过程中都将发挥十分重要的作用。IEC 61131 标准是国际电工委员会（International Electrotechnical Commission，简称 IEC）提出的国际化电气自动化技术标准，目前被各种电气企业普遍运用。IT 平台与电气自动化 PC 以太网和 Internet 技术、服务器架构引起了电气自动化的一次又一次革命。

自动化和 IT 平台的融合是当前市场需求的必然趋势，而且范围不断扩大的电子商务也促进了这种结合。为了对自身的生产信息进行全方位的切实掌握，电气企业的管理者可以利用浏览器存储和调用企业内部的主要管理数据，还可以监控现有生产过程的动态画面。与此同时，Internet 技术和多媒体技术在目前的信息时代和自动化发展过程中具备广阔的应用前景，使得电气自动化技术正在逐步由以往单一设施转化为集成化系统。此外，在未来的电气自动化产业中，虚拟现实技术和视频处理技术也会对其产生重大影响，如软件、组态环境、通信能力和软件结构在电气自动化控制体系中表现出重要性。

为了便于读者理解，下面介绍电气自动化技术的发展趋势，具体内容如图 4-4 所示。

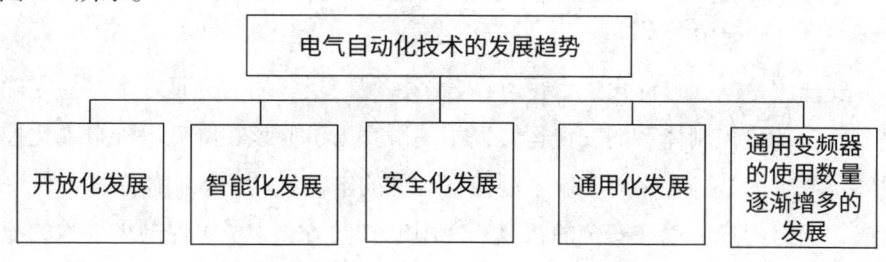

图 4-4　电气自动化技术的发展趋势

（一）开放化发展

在研究人员将自动化技术与计算机技术融合后，计算机软件的研发项目获得了显著发展，企业资源计划（ERP 体系）集成管理理念随着电气企业自动化管理的发展，受到了人们的普遍重视。ERP 体系集成管理理念，是指对整个供应链的人、财、物等所有资源及其流程进行管理。现阶段，我国电气自动化技术正在朝着集成化方向发展。对此，研究电气自动化技术的工作人员应该加强对开放化发展趋势的重视。

电气自动化技术的开放化发展促进了电气企业工作效率的提升和信息资源的共享。与此同时，以太网技术的出现进一步推动电气自动化技术向开放化方向发展，使电气自动化控制体系在互联网和多媒体技术的协同参与中得到了升级。

（二）智能化发展

电气自动化技术的应用给人们的生产和生活带来了极大的便利。当前，电气自动化技术因以太网输送效率的提升面临着重大的发展机会和挑战。对此，相关研究人员应该重视电气自动化技术智能化发展的研究，以满足市场对电气自动化技术提出的发展要求，从而促使电气自动化技术在智能化发展的道路上走得更远，促进电气自动化技术的可持续发展。

目前，大部分电气企业着重研究和开发电气设备故障检测的智能化技术，这样做不仅可以提升电气自动化控制体系的安全性和可靠性，而且可以降低电气设备发生故障的概率。此外，大部分电气企业已经对电气自动化技术的智能化发展有了一定的认识和看法，有些甚至已经取得了阶段性的研究成果，如与人工智能技术进行了结合，这些都有效地促进了电气自动化技术朝着智能化方向发展。

（三）安全化发展

安全化是电气自动化技术得以在各个领域广泛应用的立足之本。为了确保电气自动化控制体系的安全运转，相关研究人员应该在降低电气自动化控制体系成本的基础上，对非安全型与安全型的电气自动化控制体系进行统一集成，确保用户可以在安全的状况下使用电气设备。为了确保网络技术的稳定性和安全性，相关研究人员应该站在我国现今电气自动化控制体系安全化发展的角度上，对电气设备硬件设施转化为软件设施的内容进行重点研究，使现有的安全级别向危险程度低的级别转化。

（四）通用化发展

目前，电气自动化技术正在朝着通用化的方向发展，越来越多的领域开始应用电气自动化技术。为了真正实现电气自动化技术的通用化，相关研究人员应该对电气设备进行科学地设计、适当地调试，并不断提高电气设备的日常维护水平，从而满足用户多方面的需求。与此同时，当前越来越多的电气自动化控制体系开始普遍使用标准化的接口，这种做法有力地推动了多个企业和多个电气自动化控制体系资源数据的共享，实现了电气自动化技术和电气自动化控制体系的通用化发展，为用户带来更大的便利。在未来计算机技术与电气自动化技术结合的过程中，Windows 平台、OPC 技术和 IEC 61131 标准将发挥重要的作用，应用广泛的电子商务可以使 IT 平台与电气自动化技术的融合进一步加快。

在电气自动化的发展过程中，电气自动化技术的集成化和智能化发展得较为顺利，通用化发展存在些许障碍。为了强化工作人员对电气自动化控制体系的认知，电气企业应该就电气自动化控制体系中的安装、工作人员的操作等内容进行培训，使工作人员可以充分掌握体系中的各个设备和安装环节。需要重点关注的是，电气企业需要对没有接触过新技术、新设施的工作人员进行培训。与此同时，电气企业应该对可能会降低电气自动化控制体系可靠性和安全性的方面进行预防，重视提升员工的技术操作水准，务必保证员工充分掌握体系中的硬件操作、保养维修软件等有关技术，以此推动电气自动化技术朝着通用化的方向发展。

（五）通用变频器的使用数量逐渐增多的发展

本书所说的通用变频器是指在市场中占比相对较大的中、小功率的变频器，此类变频器可以批量生产。作者通过对各种类型的变频器进行分析后发现，U/F 控制器逐渐从普通功能型转变为高功能型，到现在已经发展成为动态性能非常强的矢量控制型变频器。通用变频器的主要零部件是绝缘栅双极型晶体管（IGBT），这一零部件在实际应用过程中具有非常强的可靠性和操作性，维修也相对比较简单。在这些优势的推动下，电气自动化控制体系中通用变频器的数量逐渐增多,单片机控制电气设备得以发展和被广泛应用。具体表现在以下两个方面。

1. 变频器电路从低频发展成高频

高频变频器电路在实际运行的过程中,不仅不会对逆变器的运行稳定性和安全性造成任何影响,还可以大幅提升逆变器的运行效率,有效地减少其对开关的伤害。在此背景下,逆变器的尺寸就会逐渐缩小,逆变器生产环节中消耗的成本自然可以得到有效控制。此外,逆变器功率的提升使其朝着集成化的方向发展,但必须将逆变器应用于高频电路才可以凸显其优势。由此可见,在电气自动化技术发展的过程中,变频器电路必定会朝着高频的方向发展。

2. 计算机技术及电子技术推动了电气自动化技术的发展

20世纪80年代,单片机技术的发展和应用使我国电气设备实现了全面更新,再结合计算机技术的应用,促使企业在实际运行过程中实现了实时动态监控及自动化调度等目标,并以此为基础促使企业生产朝着自动化的方向发展。这些举措都有效地推动了电气自动化技术的发展。在此基础上研发出来的电气自动化应用系统的应用软件可以实现企业对实时、动态的数据开展采集、汇总等工作。但是,在此过程中,仍然存在一些问题。例如,不同厂家提供的电气设备实际上不可以相互连接;电气设备和计算机之间采用的是星形连接模式,导致数据信息传输的实时性比较弱,难以及时调动各种类型的设备执行指令,进而导致企业运行的安全性及稳定性受到一定的威胁。随着计算机技术及电子技术的发展,这些问题得到一定程度上的缓解,推动了电气自动化技术的发展,也促使企业运行的安全性和稳定性得到了大幅度的提升。

第五章 电气自动化中PLC控制系统

第一节 PLC控制系统介绍

在工业生产过程控制中，PC+PLC 控制系统技术已经被广泛应用于中小规模的过程控制中，并有少数大规模的生产过程也相继使用该控制技术。随着计算机技术和网络的发展，PC+PLC 系统将走在控制系统应用的最前列。

一、PC+PLC 系统简介

PLC 工作稳定，可以控制多台设备，运行速度也处于毫秒级并且程序易于修改，更可观的因素是 PLC 成本低，具有循环扫描、诊断和故障检测等功能，并可以实现完全的实时控制。PC 的优点是具有强大的数据通信、数据处理功能，可以处理比较复杂的运算过程，在 Windows 下可以使用如 C++ 等可视化编程语言开发良好的人机界面，可以方便地监视和处理控制过程。结合二者的优点，开发出了基于 PC+PLC 相结合的工业控制系统。

由于 PC 和 PLC 的迅速发展及 PLC 控制单元的引进，基于 PC+PLC 的工业控制系统在国内外已经广泛地应用于离散和连续的过程控制中。作为下位机的 PLC 接收来自工业现场的采集信息经过处理传送给上位机 PC，PC 把采集来的信号进行分析、整理，再根据需要向下位机 PLC 发送命令信号，使 PLC 控制执行设备，进而实现工业过程控制。在连续的控制过程中，该控制系统能够实时显示、记录现场所采集的信息，使工业控制过程管控一体化。

随着科技发展，人们的生产生活对电气设备自动化控制要求不断提高，自动化、智能化成为控制领域的主要发展方向。其中作为人们生产生活重要设备的电气设备，因 PLC 技术的应用实现了自动化控制，降低了控制工作难度的同时，极大地提高了电气设备控制效率。

二、PLC 技术相关理论

PLC 技术自动控制功能的实现，需要有硬件与软件支撑，其中软件中的应用软件可由用户自行编写，以完成相关控制工作。

1.PLC 系统硬件构成

PLC 在电气设备自动化控制中的应用基于 PLC 系统，该系统的硬件部分由基本控制单元、扩展单元、编程器等构成。其中基本控制单元包括中央处理器、存储器、I/O 模块、外围接口、电源等硬件。扩展单元用于增加特殊功能或 I/O 模块数量，以更好地满足实际自动化控制需要，如网络通信、高速计数、定位控制等。编程器则供用户输入、调试控制程序。

2.PLC 系统软件构成

PLC 系统软件是其工作所用各种程序的组合，分为系统软件与应用软件，其中系统软件为系统的管理程序与用户指令解释的程序，由制造厂家负责编写，被固化在系统的程序存储器中，用户不能直接进行修改与读写。应用软件是用户根据控制要求，采用 PLC 编程语言编制的程序。PLC 编程语言种类较多，总的可分为用图形符号表达程序、用文字符号表达程序两大类，其中梯形图语言是 PLC 编程应用最为广泛的语言，具有容易掌握、可读性强、编程简单等优点。PLC 梯形图构成遵守以下基本规则：PLC 内部寄存器包括动断触点、动合触点两种基本符号，同一标号的触点可多次、反复使用；梯形图中的输出"线圈"使用符号表示，作为输出变量同一标号的输出继电器仅允许使用一次，不过可多次、反复使用其触点；梯形图按照从上到下、从左到右顺序画出，并且各逻辑行从母线开始，左侧先将动断触点或动合触点画出，尤其应将并连接点多的位置画在最左端；右侧为输出变量，可并联，但不能串联。

3.PLC 控制系统程序设计方法

PLC 控制程序设计可运用多种方法，需根据实际情况选择最佳设计方法，尤其注重设计细节的考虑，根据 PLC 自动化控制要求，认真分析控制程序，做好程序的优化，保证控制程序设计质量。考虑到基于继电器梯形图设计方法在电气设备自动化控制中应用广泛，接下来重点介绍基于继电器梯形图设计方法。

首先，对软硬件重新划分。重新划分软硬件时，应将输入信号保留，充分考虑 PLC 软件功能实现的操作，如计数、定时、逻辑等内容。同时，将必要的隔离部件与外部驱动部件保留下来，经以上处理后，可画出 PLC 外部 I/O 连接图。其次，进行等效逻辑转换。考虑到继电器梯形图和 PLC 梯形图的结构形式、编程原理较为相近，因此，可根据实际情况完成两者之间的等效逻辑转换。最后，防止重复输出错误出现。在同一程序中，如多个逻辑行赋值同一继电器线圈，会引起控制逻辑混乱。尽管 PLC 按照循环扫描方式执行用户程序，集中更新 I/O 点，当遇到同一变量被多次赋值时，仅最后一次赋值有效，因此，设计程序时应避免多次赋值情况的出现，保证程序的正确性与合理性。

三、国内外应用现状

基于 PC+PLC 工业控制系统在国内外已经被广泛地应用于冶金、电力、石油、化工、建材、机械等行业。

1. 国内应用现状

我国 PC+PLC 集成控制系统发展较晚，大部分工业现场的控制对象由于控制过程简单、控制规模小，不需要高速的数据信息处理和系统的管理以及软件技术的协助来增强系统的性能，所以只由 PLC 和触摸屏构成一个人机控制系统。随着计算机通信技术和远程控制技术的发展，我国也开始大量引进了 PC+PLC 集成控制技术，从而大大地提高了工作效率，并且可以远离工业现场进行控制。在"八五"攻关中我国提出了以自主版权为目标，以平台为基础的发展新战略，而且在攻关过程中，瞄准或调整到以 PC 机为基础的发展路线上，并以此形成了两种平台，开发出了四个基本系统，这标志着我国 PC+PLC 技术在我国开始迅速发展。国内其他单位也都先后开发了 PC+PLC 体系结构的控制系统。

四川省崇州市西河闸门控制系统的体系结构就采用了 PC+PLC 的工业控

制系统，其功能是实现在现场对闸门的手动控制，对水位、闸门开度、闸门运行状态和错误信息的现场采集和监视，并且完成各个控制级的实时通信，包括：接收控制信息，完成闸门控制动作，发送用于远程监控的闸门运行状态、错误信息到主站。在实际应用中证明了该系统安全可靠，并且操作简单，解决了闸门操作时需要人员现场监督的问题，提高了效率。

华南蓝天航空油料有限公司河南分公司设计出一套基于 PC 与 PLC 集成控制的输油管线自控系统，通过该系统将卸油站/油库的各生产环节通过模拟显示设备、电视监视设备、现场通话设备、质量检查系统、管理信息系统连成了密不可分的整体，提高了远程输油的可靠性和安全性。国内还有很多制造企业也相继引入 PC+PLC 控制系统，并取得了很好的效益。

2. 国外应用现状

在进入 21 世纪以来，日本 PLC 的技术，逐渐向适应市场需求，加强信息处理能力的方向发展。用户希望能通过 PLC 在软技术上协助改善被控过程的生产性能；需要 PLC 能与 PC 机更好地融合，以便于在 PLC 这一级就可加强信息处理能力。为顺应这些要求，CONTEC 与三菱电机合作，推出专门装插在小 Q 系列 PLC 机架上的 PC 机模块。该模块占 2 个插槽，实际上就是一台可在工厂现场环境正常运行，而且可通过 PLC 的内部总线与 PLC 的 CPU 模块交换数据的 PC 机。硬盘模块或固态盘可插装在 PLC 机架上。该模块可预装 Windows NT4.0 或 Windows2000，支持的软件有：三菱综合 FA 软件 NIELSOFT，人机界面画面设计编程软件（GT），运动控制设计编程维护软件（Ml）以及过程控制设计编程维护软件（PX）。另外，还支持三菱 FA 用的通信中间件 EZSocket。据悉，目前在日本国内共有包括日本电气、横河等 43 家企业可提供采用 EZSocket 的软件产品，供通信、数据采集、SCADA/监控、CAD/编程、生产管理、图像处理分析/数值解析、信息处理之用。

由于近年来日本的中大型 PLC 纷纷推出一个机架上可装插多个 CPU 模块的结构，所以将 PC 机模块与 PLC 的 CPU 模块、过程控制 CPU 模块或运动控制模块同时插在一个机架上，实际上就是将原来 PLC 要通过工厂自动化用的 PC 机与管理计算机通信的三层结构改为 PLC 系统可直接与生产管理用的计算机通信的两层结构。这样一来，上报生产情况、接受管理机的生产指示就变得更加方便快捷。日本大阪 Asahi 啤酒有限公司 Suita 啤酒厂采用了典型的 PC+PLC 控制系统控制啤酒厂的生产过程，在这个控制过程中很多啤酒生产设备带有气阀、泵，尤其是啤酒发酵槽和贮存器，因此，基于 PC+PLC 过程控制系统将控制近 30 000 个 I/O 口，同时该系统还对如酿酒过程、包装过程的设备进行控制，整个控制系统 ADBIC 的技术开发了大约 25 年的时间，并最终成功实现了啤酒生产过程的自动控制。

四、发展趋势

由于目前的工业控制日趋复杂，控制对象增多，只用 PLC 进行过程控制，有时不能满足工厂生产过程与监控一体化的需要，面对复杂的控制系统和大量的数据处理任务，需要大量的内存，复杂的快速控制算法以及数据的自动记录和分析。综合 PC 良好的人机界面设计、丰富的语言设计资源以及快速的数据处理速度等优点与 PLC 进行通信从而大大地提高了控制效率，并能对特定的工业工程进行现场分析和监视。同时也可以根据现场反馈的信息来确定生产策略和管理策略。

PC+PLC 系统有如下几个发展趋势：

1. 集成化发展趋势增强

基于 PC+PLC 控制系统目前使用最多的是两层或三层控制结构，上位机用 PC，下位机则选用微型或大型的 PLC。随着如今集成理念，嵌入式技术的发展促使了软件 PLC、插卡式 PLC 以及类 PLC 等集成设计、安装简便的 PLC 的产生。因此，PC+PLC 系统在原有优点基础上具备了集成化控制，简化了接口，降低了网络负担。由此可见，PC+PLC 控制系统将成为工业控制的主流系统，并朝着多元化的方向发展，在插卡式 PLC 成熟的前提下，运用插卡式 PLC 不但简化了设备的互联，同时只在 PC 的平台下进行控制集成化，使操作和管理过程方便。

2. 大型化控制

目前绝大多数 PC+PLC 只应用于具有几百个输入以内的中小型过程控制。但随着工厂的扩大、过程控制的复杂化，PC+PLC 正向着大型化控制迈进。功能不断加强、应用范围不断扩大、性能不断提高,这将促使自动控制系统能够全面应用于大型工厂的自动化控制与生产管理中,由此可以降低工厂的生产成本,提高效率。

3. 管控一体化与网络化

在一个常规的制造企业中,由于市场分析、经营决策、工程设计、质量管理、生产指挥、产品服务等环节之间紧密联系、不可分割,由此需要形成企业管理信息系统;由于制造过程中信号控制、信息收集、传递、过程控制的需要,形成现场自动化控制系统。随着竞争和发展带来的变化,要求企业将经营决策、管理、调度、过程优化、故障诊断、信号收集、现场控制等联系在一起以便能够按照市场需要调整产品上市时间、改善质量、降低成本、并不断完善服务。这就要求管理信息系统和现场自动化系统互联在一起,而 PC+PLC 系统是基于 PC 建立起来的,PC 与 PLC 之间搭建起树型网络或互联网络结构的控制系统综合了 PC 的智能化管理和数据的处理,使得监控和管理一体化,同时 PC 可以很方便地与以太网互联,从而不但能使产业信息上网,而且还能够通过以太网进行远程控制,使 PC 资源得到了充分利用。

4. 开放性互联

现在各大厂商设备自成体系,如今需要多个厂商设备互联构成系统的情况越来越多,一些本可以组成一套系统的不同厂家生产的设备由于彼此间不兼容,难以实现不同厂商设备互联的状况。甚至有些设备本身的性能是封闭的,这就需要设备通信设计者遵循 OSI 参考模型设计出一个普及化、标准化的设备通信协议。由于 PC 的编程语言多样化,实现 PC 与 PLC 之间的通信方法多样,运用灵活,使设备间通信简单便捷。另外,如今人工智能技术成为计算机科学技术的一个分支,人工智能技术是研究、开发用于模拟、延伸和扩展人的智能的理论、方法、技术及应用系统的一门新的技术科学。在自动控制理论的基础上,PC+PLC 系统若运用人工智能理论能够在控制的过程中模拟人的智能,开发出完全依靠控制系统分析、解决事故和问题的专家系统,那将会给工业带来巨大的经济利润,并且控制过程会十分精确。

第二节　电气设备中 PLC 控制系统的特点

一、PLC 相关概念介绍

1. 对 PLC 内涵的分析

PLC（Programmable Logic Controller），其中文全称叫作可编程逻辑控制器，是专门为工业环境的应用而设计出来的一种数字运算的操作系统。PLC 采用的是一类可编程存储器，用来存储程序，并执行相应的逻辑运算、顺序控制、计时、计数等一系列的面向用户指令的操作运算。在这一过程中，通过数字的输入输出或者通过模拟的输入输出对各种类型的机械和机械的生产进行全过程的控制。

2. PLC 的基本结构

PLC 实质上就是一种计算机，是专门用来对工业进行控制的。因此，PLC 在硬件结构上，和计算机的硬件结构是基本相同的。PLC 的硬件结构主要包含以下几个部分：第一是电源，一个系统如果没有一个良好的电源是不能正常工作的，因此，PLC 的电源在其整个系统中有十分重要的作用。第二是中央处理器，中央处理器即 CPU，是 PLC 的控制中枢；CPU 可以按照 PLC 系统赋予的功能接收和存储用户的一系列数据，检查设备各个端口的运行状态，及时发现系统运行中的语法错误。第三是存储器，PLC 的存储器主要是用来存放系统软件和应用软件，其中存放系统软件的存储器叫作系统程序存储器，存放应用软件的存储器叫作用户程序存储器。第四是输入输出接口电路，PLC 的输入输出接口电路主要包括现场输入接口电路和现场输出接口电路。第五部分是功能模块，主要是计数、计时以及定位等功能模块。第六部分是通信模块，PLC 的通信模块主要是实现各个信息的传递。

二、PLC 的功能特点

PLC 是一种数字运算的电子系统，专为在工业环境下应用而设计。它采用可编程的存储器,用来在内部存储执行逻辑运算、顺序控制、定时、计数和算术运算等操作的指令,并通过数字式、模拟式的输入和输出,控制各种类型的机械或生产过程。PLC 及其有关设备,都是按易与工业控制器系统联成一体、易于扩充功能的原则设计。PLC 采用面向控制过程、面向现场问题的"自然语言"进行编程,具有十分灵活的控制方式。PLC 的特点如下:

1.PLC 使用比较方便,编程较为简单

PLC 的输入、输出接口是已按不同需求做好的,可直接与控制现场的设备相连接。输入接口可以与各种开关、传感器连接;输出接口具有较强的驱动能力,可以直接与继电器、接触器、电磁阀等连接,且无论是输入接口还是输出接口,使用都很简单。PLC 具有很强的监控功能,利用编程器、监视器或触摸屏等人机界面可对 PLC 的运行状态、内部数据进行自诊断和监控,可以迅速知道故障并及时给予排除。此外,大多数 PLC 采用类似继电器控制电路的"梯形图"语言编程,清晰直观、简单易学。PLC 主要是采用了梯形图形、逻辑图形以及语句表等编程语言进行编辑,具有简单明了的特点。在这个编程过程中,不需要应用到计算机的知识,因此,系统开发的周期比较短,系统现场调试起来也比较容易方便。

2.PLC 具有较强的控制功能

PLC 具有强大的功能,即便是一台小型的也有成千上万个编程软件供用户选择,实现对各种复杂系统的控制。PLC 内部包括时序电路、计数器、主继电器、移位寄存器及中间寄存器等,能够方便地实现延时、锁存、比较、跳转和强制 I/O 等功能。PLC 可进行逻辑运算、算术运算、数据转换、顺序控制、顺序模拟运算、显示、监控、打印及报表生成等功能,并具有完善的输入、输出系统,能适应各种形式的开关量和模拟量的输入、输出控制,还可以与其他计算机系统和控制设备共同组成控制系统,实现层级数据传送、矩阵运算、闭环控制、排序与查表、函数运算及快速中断等功能。PLC 采用模块化组合结构,使系统构成十分灵活,可根据需要任意组合,易于维修,易于实现分散式控制,可缩短平均修复时间。PLC 是利用存储在机内的程序实现各种控制功能的,所以当控制功能改变时只需要修改程序即可,极少甚至不必改动外部接线。一台 PLC 可以用于不同的控制系统中,只需改变其

中的程序即可，其灵活性和通用性是继电器控制电路所无法比拟的。

3.PLC 可靠性高

传统的继电器控制使用的是中间继电器和时间继电器，中间继电器和时间继电器触电的接触上，常常有接触不良的情况产生，导致机器在运行的过程中出现故障。PLC 改变了传统的中间继电器和时间继电器的传统模式，只用输入模块和输出模块以及少量的硬件元件实现了中间继电器和时间继电器的功能。

4.PLC 抗干扰能力强

在继电器控制系统中，器件的老化、脱焊、触点的抖动以及触点电弧等现象是不可避免的，所以系统的可靠性不高且维修工作耗资费时。而在 PLC 控制系统中，大量的开关工作由无触点的半导体电路完成，且在硬件和软件方面都采取了强有力的措施，使产品具有极高的可靠性和抗干扰能力。PLC 采用光电隔离措施，可有效隔离输入/输出间、内部与外部电路间的联系，减少故障和错误动作。对电源变压器、CPU、编程器等主要部件均采用严格措施进行屏蔽，以防外界干扰。PLC 主机的输入电源和输出电源均可以相互独立，对供电系统及 I/O 线路采用了较多的滤波环节。供电电路中多用 LC、π 型滤波电路，对高额干扰有良好的抑制作用，可有效地减少电源之间的干扰。并且采用循环扫描工作方式，进一步提高抗干扰能力。因此，PLC 可以直接安装在恶劣的工业环境现场而稳定地工作。

PLC 在抗干扰上，主要采取了两方面的措施，一方面是采取了硬件抗干扰措施，另一方面是采取了软件抗干扰措施。目前 PLC 在工业设备控制中，已经被广大用户公认为最可靠的设备之一。

5.PLC 方便用户使用

PLC 经过多年的发展，其技术也在不断地完善和成熟，到目前为止，PLC 已经实现了系列化、标准化以及模块化，硬件的种类配备比较齐全，用户可以根据自身的需求，选择不同的硬件装置，可以灵活方便地配备用户自己所需要的装置，组成各种不同的系统，实现不同的功能需求。

6.PLC 的工程量小

PLC 采用输入模块、输出模块以及少量的功能模块取代了传统继电器控制系统中使用的大量的中间继电器、时间继电器以及计数器等器件，很大程度上减少了控制柜在设计、安装以及接线中的工程。PLC 使用了梯形图程序的模式，该图形程序都是采用顺序控制的设计形式进行程序设计的，这种梯形图的编程方法比较有规律，易于掌握。相对于传统的继电器控制系统而言，在复杂的控制系统中，使用 PLC 的梯形图编程的方法来编程，可以节约很多的时间和精力。PLC 在完成系统的安装以及系统的接线工程后，如果在系统的调试中出现了问题，可以通过修改程序直接来解决。这种解决方式比传统的继电器系统控制采用拆装硬件调试的方式要节省很多时间。

7.PLC 系统维修比较方便

相较于传统的继电器系统控制来说，PLC 的故障率是相当低的，PLC 拥有完善的自我诊断功能，可以将诊断出来的结果显示出来。当 PLC 外部的输入装置和执行机构发生故障的时候，维修人员可以直接根据发光的二极管或者编程器显示的信息快速查找出发生故障的原因，并可以用更换模块的方法迅速解决故障。

第三节　电气设备中 PLC 控制系统运用分析

一、PLC 控制系统的设计分析

1.设计程序

在明确了电气主动操纵工作后，要先对评价操纵工作开展解析，确定 PLC 操纵范畴，再结合价格、性能等要素考虑，工程人员按照个人习惯选用适宜的编程操纵设备。确定了主机之后，就开始选择搭配的模块，例如，位置操纵单元、热电偶单元等。根据系统的控制要求，采用合适的设计方法来设计。

2.确定 I/O 地址

PLC 体系的策划根本是控制器接线口上 I/O 地址的制定。以程序策划的方位为出发点，必须明确了 I/O 地址，才能够开展编程作业；以 PLC 外围连接线、操纵柜为开端，明确了 I/O 地址，才能够开展电气连接线图、装配图的策划，还有连接电线。

3. 对于操纵体系策划的解析

体系策划的关键由软件和硬件策划两个方面一起构成。针对 PLC 体系的硬件策划解析，硬件策划关键是针对 PLC 设备、电气线路策划、外围电线和抵抗干扰手段等情况开展策划。对于 PLC 体系的软件策划解析，软件策划关键是 PLC 操纵程序开展编制，包含主、子、中断三类软件。PLC 软件策划关键是运用普遍编程方式，例如，状态表方式、程序图方式等，不过策划者要会按照自己的工作经历实现。下面是软件策划的操纵措施：先明确输出目标、开启环境、关闭环境；明确输出目标的开启环境、关闭环境有没有限制环境，假如有，先找到限制环境；如果输出目标是按照方程式开展编制，并且存在限制环境，开展编程过程中要按照有关的方程式；将已知条件放到方程式内，再根据可编程逻辑控制器的编程标准，将梯形图策划出来；查看和改进策划好的软件。

4. 对整个 PLC 控制系统进行调试

（1）系统模拟调试的相关分析在模仿调节硬件方面时一定要先关闭主电路，一般只能调节手动的操纵范畴，明确其是不是准确；调节软件方面时，要以模仿各种开关断开为主，之后注意 PLC 输出位置的显示灯是不是存在变化；在调节的程序中，模拟量信号假如也要开展模仿，能够使用万用表、电位设备、开关进行开展，方便能够模仿出绝对一点都不相同的开关信号设备传感设备信号，再查看 PLC 输出的逻辑联系是不是达到操纵体系的标准，同时能够在电脑中开展模仿调节。如果出现失误，要对调节软件再次进行改进，直到获取准确的输出逻辑。

（2）系统联机调试的相关分析拟定、调节好软件之后，体系联机调节会把它拷贝到现场的 PLC 操纵体系中。在调节程序中，一定要先关闭主电设备，只能连接调试操纵线路。在现场连接调节时，假如软、硬件存在毛病，要反复查看电气体系的连接线，同时重新编制、调节软件体系等全部体系操纵性能。体系调节实现后，要将措施信息归纳好的同时存档，方便以后进行维修使用。

二、关于 PLC 系统的抗干扰设计分析

1. 电源的抗干扰设计分析

电源方面以电源变压设备为关键工件，为了减少电网的扰乱，大多会使用容量比现实需求多出 1.2 到 1.5 倍的隔离变压设备。在真实使用中，要想变压设备的屏蔽阶段接地效果好，次级线圈应使用双绞线，避免电源和电源之间出现扰乱。假如情况允许，能够选用在隔离变压设备前装置滤波设备，通过滤波进行隔离，在很大程度上能减小扰乱，提升体系的可靠性。

2. 输入信号与输出信号的抗干扰设计分析

（1）关于输入信号的抗干扰设计分析

因为输入信号使用的电线之间具有差模扰乱，使用输入形式的方式降低扰乱；但输入电线和大地间存在共同扰乱，那就能够使用扩张设备连接大地的形式来控制。如果输入口存在感性载重的状况下，为维护电路信号，大多能够使用硬件以及可靠性容错故障措施的方式来达到目的。

（2）关于输出电路的抗干扰设计分析

假如 PLC 系统属于开关量输出，则会有晶闸管、继电器、晶体管输出这 3 种输出形式。选择哪种输出形式，要根据负载要求才能确定。如果负载超出了 PLC 的输出能力，此时应进行外接继电器或接触器的操作，才能保证系统的正常运行。PLC 的输出端如果与感性负载相连接，输出信号无论是由原本的关变为开或者从开变为关，均会使部分电量产生干扰。因此，在进行抗干扰设计时，要以最快的速度采取合理可行的保护方法来保证 PLC 输出触点的安全。

3. 关于外部配线的抗干扰设计分析

因为外部电线之间连接着互感、电容设备，所以在输送信号时出现扰乱。为能够减少外部电线受到的扰乱，每个线路要采取自己的电线。晶体管、集成电路在输入输出时都要使用自己的屏蔽电线，并且在输入输出端要保证屏蔽电线一直在悬挂样式，不过操纵设备端要维持接地。如果电线在 30 米以下，直流以及交流的输入输出不能运用一条电线，如果通过一条配线管，输入的电线一定要用屏蔽的电线；如果电线距离在 30 米到 300 米，直流以及

交流输入输出电线要使用自己的电线,并且一定使用屏蔽电线当作输入电线;如果电线超出 300 米,能够经过远程设备抑或中间继电设备完成信号的转接。

三、PLC 控制系统应用于电气设备的相关分析

1.PLC 系统硬件设计分析

考虑到生产现场污染严重、噪声干扰,主控单元一般采用小型的可编程控制器,并采取两级监控方式。生产管理级是上位机,操作人员要负责编程及调试可编程控制器,并要监视和记录下位机现场的采集数据与信息,同时还要实现对现场电气设备的控制。此外,还应和一台终端机保持通信,需要时可打印出所需资料。基础测控机为下位机,负责采集生产现场的数据及控制生产过程。最新的 SLC5/04 处理器不仅可以提供 960 个 I/O 点、在线编程及钥匙开关,本身还具有一个内置的 DH+ 口,它能与 DH+ 直接相连,实现与 SLC5/04 或其他处理器的高速对等通信。

2.PLC 系统软件设计分析

当前,PLC 系统的上位机软件主要是采用了 RSVIEW32 型号的监控软件,该软件为用户提供的图形组态软件更直观、方便,且能在较短的时间内为用户构造相应的控制方案。监控软件选用的是模块化结构方式编制。利用已采集和处理过的 PLC 内存单元数据,可用抽象的图形在屏幕上模拟现场的任一机电设备的运行情况,从而能够监控系统中各电气信号的数据,再与实际情况相结合,将新数据输入 PLC 内存,把命令传达到 CPU 中。假如系统发生故障,不仅会发出报警声,还会将故障点以动态方式显示出来,并提供故障原因查询图和解决办法查询图,还能进行用户流程图、历史走势等界面的组态。下位机编程软件主要是采用了 RSLOGIX500 编程软包,该软包的 Windows 界面直观、亲切,编辑器灵活,有利于用户节约时间及提高生产率。

四、PLC 技术在电气设备自动化控制中的应用

1.PLC 技术在电气设备自动化控制中的应用原则

众所周知,PLC 技术专业性强,涉及的细节较多,为保证其在电气设备

自动化控制中更好应用，应用时应注意遵守以下原则。第一，合理选型原则。当前 PLC 技术发展迅速，市场出现多种型号的 PLC 机，选型时应充分考虑电气设备所处环境，以及自动化控制工作要求，选用运行稳定、维护方便的机型。第二，注重程序最优化原则。编写 PLC 控制程序时，要求技术人员认真分析生产工艺要求，进行控制程序的编写，还应根据自动化控制状况，对程序进行优化，提高程序运行效率。第三，适应性原则。部分生产工艺环境复杂，应用 PLC 技术时应充分考虑环境因素给 PLC 相关部件造成的影响，如环境温度、湿度、振动情况等，确保 PLC 系统能够在复杂环境中稳定工作，实现电气设备的自动化控制。

2.PLC 技术在电气设备自动化控制的应用体现

PLC 技术在电气设备自动化控制中的应用体现在很多方面，如顺序控制、开关量控制、闭环控制等，在软件程序的支撑下，实现对电气设备的自动化控制，取得良好控制效果。

（1）PLC 技术在顺序控制中的应用

顺序控制是指结合控制系统运行实际，在充分参考生产工艺的基础上，综合考虑控制系统影响因素、内部状态等，保证系统能够按照预定设置，自动完成相关操作。将 PLC 技术应用到电气设备自动化控制中优点显著。例如，对继电器控制元件利用 PLC 技术实现顺序控制，不仅有助于提高控制灵敏度，而且还可通过控制部件的模块化操作，运行过程中实现单独控制，避免因控制迅速紊乱造成的不良影响，使得控制的时效性大大提高。

（2）PLC 技术在开关量控制中的应用

电气设备传统自动化控制主要借助电磁性继电器对开关量的控制实现，不过随着需要控制的电气设备越来越多，给控制工作提出较高要求，尤其需要进行复杂的系统接线操作。另外，该种情况下控制系统运行影响因素较多，运行稳定性受到较大不良影响。而将 PLC 技术应用到开关量的控制中，可有效避免上述不良情况的发生。一方面，要做好原有控制系统的分析，寻找 PLC 技术与原有控制系统的契合点，实现两者的无缝对接；另一方面，掌握电气设备运行需求，使用 PLC 技术对相关控制环节进行适当优化，进一步提高电气设备控制水平与质量。

（3）PLC 技术在闭环控制中的应用

PLC 技术在电气设备自动化控制中的应用还体现在闭环控制中。泵机是较为常用的电气设备，拥有自动启动、手动启动以及现场控制箱启动等，其中在对泵机运行环境以及运行状态综合分析的基础上，利用 PLC 技术对泵机的自动启动进行优化，掌握泵机运行参数，适当调整泵机运行参数，输入控制系统中，使泵机运行参数更好地满足生产要求。根据实践表明，PLC 技术在闭环控制中的应用优点突出，不仅降低控制工作难度，而且提高可控制系统稳定性与安全性。

五、对 PLC 在电气自动化系统中应用现状的分析

1.PLC 在中央空调中的应用现状

众所周知，对于空调系统来说，空调的冷冻系统是完成空调制冷功能的重要组成部分。空调冷冻系统发展到目前为止，对冷冻系统进行控制的方法主要有三种方式。第一种方式是传统的继电器控制系统。这种继电器控制系统采用了大量的中间继电器、时间继电器来实现对机器的控制，其接线的数量比较多，导致在对机器的控制中，出现故障的概率比较大，且其内部结构比较的复杂、耗电量也比较的高，维修起来也比较的麻烦，因此，这种传统的继电器控制系统随着社会的发展被逐渐的淘汰。第二种方式是采用直接数字化的控制形式。直接数字化的控制方式在实现系统智能化控制上有很大的优势，可以对系统进行智能化的控制。但是，直接数字化控制形式的抗干扰能力不强，其采用的分级和分部的结构对于目前的自动化行业来说，有很大的局限性。随着社会的发展和电气自动化要求的提高，直接数字化控制方式的应用领域也越来越小。第三种方式是 PLC 系统。这种系统相对于前两种系统来说，采用了输入输出以及部分功能模块进行控制，替代了传统继电器控制系统的中间继电器和时间继电器，使得维修比较方便，同时软硬件防干扰措施的采用，增强了在工业环境中的抗干扰能力，克服了前两种方式的不利因素，在众多领域中都得到了广泛应用。

2.PLC 在数控系统中的应用现状

在数控加工过程中，对于刀具位置的精确度要求较高，特别是点位加工领域和孔加工领域对刀具位置的精确度要求特别高。在进行机械加工的过程

中，PLC的优点可以得到应用。通过对程序的编写和设置，可以使刀具能迅速准确地移动到机械要加工的指定位置，其编写的程序较为简单，对于操作人员来说，操作过程是非常简单的。在刀具移动的过程中，刀具的运动过程是独立的，这使得机械的整个加工过程的每个步骤都是很清晰的，程序编写起来也比较方便和简单。

3.PLC在交通系统中的应用现状

PLC在交通中的应用也比较广泛，主要应用于对交通中信号灯的控制。PLC软件因为有很好的环境适应性，其内部功能也比较稳定，可以适应目前交通信号灯所处的环境，对其进行精确地控制。PLC软件的使用，在岔口较多的公路上，可以精确控制信号灯的转变，使用起来比较方便，能够很好地控制车辆和人流的正常运行。

4.PLC在输煤系统中的应用现状

输煤系统的好坏直接决定了煤炭企业生产效益的高低，输煤系统的控制要经历三个阶段，即人力控制阶段、强电控制阶段、计算机控制阶段。输煤系统是指从卸煤到卸煤厂，卸煤厂到锅炉煤仓，在这一运输过程中所使用的运输设备和控制设备。输煤系统中的控制系统主要由主站层、远程I/O站以及现场传感器等网络构成，主站层是由PLC系统和人机结构组成，一般设备在系统集中控制室内。主站层和I/O站的连接通过光纤通信连接，二次控制线缆连接了远程的I/O站、输煤系统中的设备以及触媒传感器。在输煤系统中的集控制室内，主要是以自动控制为主、手动控制为辅，其系统设备的监控是通过显示器屏幕来实现的，并装有紧急事故的开关和检修启停按钮，可以对系统的状态进行很好地控制。在这一系列的控制过程中，不需要工作人员在现场进行控制，只需要工作人员在控制室内对其进行远程操作就可以完成。PLC系统在输煤系统中的使用，使得工作人员的工作环境得到了极大地改善，减少了工作人员的数量，提高了工作人员对输煤系统的控制效率。

第六章 电气自动化控制中的人工智能技术

第一节 人工智能概述

目前，人工智能的浪潮汹涌澎湃，在视觉图像识别、语音识别、文本处理等诸多方面人工智能已经达到或超越人类水平，在视觉艺术、程序设计方面也开始崭露头角，令人惊叹不已。人们已经相信，在个人电脑时代、网络时代、手机时代之后，整个社会已经进入人工智能时代。

在本节中，我们考察人工智能发展的简要历史、目前的局限性和未来的潜力，特别是将人类脑神经认知和人工神经网络认知进行对比，从而对人工智能有一个公正客观，而又与时俱进的认识。

一、符号主义

古希腊人将欧几里得几何归纳整理成欧几里得公理体系，整个宏伟的理论大厦奠基于几条不言自明的公理，整个大厦完全由逻辑构造出来，美轮美奂、无懈可击。这为整个人类科学发展提供了一套标准的范式。后来，牛顿编撰他的鸿篇巨著《自然哲学的数学原理》也遵循公理体系的范式。由公理到定义、引理、定理再到推论，人类的现代数学和物理知识最终都被系统化整理成公理体系。而符号主义的主要思想就是应用逻辑推理法则，从公理出发推演整个理论体系。

人工智能中，符号主义的一个代表就是机器定理证明，吴文俊创立的吴文俊方法是其巅峰之一。目前，基于符号计算的机器定理证明的理论根基是希尔伯特定理，即多元多项式环中的理想都是有限生成的。例如，我们首先将一个几何命题的条件转换成代数多项式，同时把结论也转换成多项式，然后证明条件多项式生成的根理想包含结论对应的多项式，即将定理证明转换为根理想成员判定问题。一般而言，多项式理想的基底并不唯一，Groebner基方法和吴方法可以生成满足特定条件的理想基底，从而都可以自动判定理想成员问题。因此，理论上代数范畴的机器定理证明可以被完成，但是实践中这种方法又有重重困难。

首先，从哲学层面上讲，希尔伯特希望用公理化方法彻底严密化数学基础。哥德尔证明了对于任何一个包含算术系统的公理体系，都存在一个命题，其真伪无法在此公理体系中判定。换言之，这一命题的成立与否都与此公理体系相容。一方面，这意味着我们无法建立包罗万象的公理体系，无论如何，总存在真理游离在有限的公理体系之外；另一方面，这也意味着对于真理的探索过程永无止境。

其次，从计算角度而言，Groebner基方法和吴方法所要解决的问题的本质复杂度都是超指数级别的，即便对于简单的几何命题，其机器证明过程都可能引发存储空间的指数爆炸，这揭示了机器证明的本质难度。吴方法的成功有赖于大多数几何定理所涉及的代数计算问题是有结构的，因而可以快速求解。

第三，能够用理想生成的框架证明的数学命题，其本身应该是已经被代数化了。如所有的欧几里得几何命题，初等的解析几何命题，微积分几何中许多问题的代数化，本身就非常具有挑战性。例如，黎曼流形的陈省身—高斯—博内定理，如果没有嘉当发明的外微分和活动标架法，这一定理的证明就无法被代数化。拓扑学中的许多命题的代数化本身也是非常困难的，如众所周知的布劳威尔不动点定理，这一命题的严格代数化是一个非常困难的问题。

最后，机器定理证明过程中推导出的大量符号公式，人类无法理解其内在的几何含义，无法建立几何直觉。而几何直觉和审美，实际上是指导数学家在几何天地中开疆拓土的最主要原则。机器无法抽象出几何直觉，也无法建立审美观念，因此，虽然机器定理证明经常对于已知的定理给出匪夷所思的新颖证明方法，但是迄今为止，机器并没有自行发现深刻的未知数学定理。

目前，机器定理证明的主流逐渐演变成机器验证。因此，和人类智慧相比，人工智能的符号主义方法依然处于相对幼稚的阶段。即便如此，人工智能在某些方面的表现已经超越人类。例如，基于符号主义的人工智能专家系统 IBM 的沃森，在电视知识竞赛中表现出色，击败人类对手后赢得了冠军。目前，IBM 进一步发展沃森认知计算平台，结合深度卷积神经网络后获得了更强的数据分析与挖掘能力，在某些细分疾病领域已能达到顶级医生的医疗诊断水平。

二、联结主义

人工智能中的联结主义的基本思想是模拟人类大脑的神经元网络。1959年，胡贝尔和威塞尔在麻醉的猫的视觉中枢上插入了微电极，然后在猫的眼前投影各种简单模式，同时观察猫的视觉神经元的反应。他们发现，猫的视觉中枢中有些神经元对于某种方向的直线敏感，另外一些神经元对于另外一种方向的直线敏感；某些初等的神经元对于简单模式敏感，而另外一些高级的神经元对于复杂模式敏感，并且其敏感度和复杂模式的位置与定向无关。这证明了视觉中枢系统具有由简单模式构成复杂模式的功能，也启发了计算机科学家发明人工神经网络。

后来，通过对猴子的视觉中枢的解剖，将猴子的大脑皮层曲面平展在手术台表面上，人们发现从视网膜到第一级视觉中枢的大脑皮层曲面的映射是保角映射。保角变换的最大特点是局部保持形状，但是忽略面积大小，这说明视觉处理对于局部形状非常敏感。人们逐步发现，人类具有多个视觉中枢，并且这些视觉中枢是阶梯级联，具有层次结构。人类的视觉计算是一个非常复杂的过程。在大脑皮层上有多个视觉功能区域，且低级区域的输出成为高级区域的输入。低级区域识别图像中像素级别的局部特征，例如，高级区域将低级特征组合成全局特征，形成复杂的模式，模式的抽象程度逐渐提高，直至语义级别。

毕加索的名画《格尔尼卡》中充满了抽象的牛头马面、痛苦号哭的人脸、扭曲破碎的肢体，而我们却可以毫不费力地辨认出这些夸张的几何形体。其实，尽管图中大量信息丢失，但是提供了足够的整体模式。由此可见，视觉高级中枢忽略色彩、纹理、光照等局部细节，侧重整体模式匹配和上下文关系，并可以主动补充大量缺失信息。这启发计算机科学家将人工神经网络设计成多级结构，低级的输出作为高级的输入。随着深度学习技术的发展，使得人们能够模拟视觉中枢的层级结构，考察每一级神经网络形成的概念。例如，一个用于人脸识别的人工神经网络经过训练后能习得的各层特征，底层网络总结出各种边缘结构，中层网络归纳出眼睛、鼻子、嘴巴等局部特征，高层网络将局部特征组合，得到各种人脸特征。

三、深度学习的兴起

人工神经网络在20世纪80年代末和90年代初发展达到巅峰，随后迅速衰落，其中一个重要原因是因为神经网络的发展严重受挫。人们发现，如果网络的层数加深，那么最终网络的输出结果对于初始几层的参数影响微乎其微，整个网络的训练过程无法保证收敛。同时，人们发现大脑具有不同的功能区域，每个区域专门负责同一类的任务，例如，视觉图像识别、语音信号处理和文字处理，等等。而且，在不同的个体上，这些功能中枢在大脑皮层上的位置大致相同。在这一阶段，计算机科学家为不同的任务发展出不同的算法。例如，为了语音识别，人们发展了隐马尔科夫链模型；为了人脸识别，发展了Gabor滤波器、SIFT特征提取算子、马尔科夫随机场的图模型。因此，在这个阶段人们倾向于发展专用算法。

但是，脑神经科学的几个突破性进展使人们彻底改变了看法。在2000年，《自然》上发表了一篇令人耳目一新的实验。把幼年鼬鼠的视觉神经和听觉神经剪断，交换后接合，眼睛接到了听觉中枢，耳朵接到了视觉中枢。鼬鼠长大后，依然发展出了视觉和听觉。这意味着大脑中视觉和听觉的计算方法是通用的。

现如今，人们认识到大脑实际上是一台"万用学习机器"，同样的学习机制可以用于完全不同的应用。人类的DNA并不提供各种用途的算法，而只提供基本的普适的学习机制。人的思维功能主要是依赖于学习所得，而后天的文化和环境决定了一个人的思想和能力。换句话而言，学习的机制人人相同，但是学习的内容决定了人的思维。人的大脑具有极强的可塑性，许多功能取决于后天的训练。例如，不同民族语言具有不同的元音和辅音，出生不久的婴儿可以辨别听出人类能够发出的所有元音和辅音，但是在5岁左右，幼儿就很难听出不同语言中的不同音素了。又如，欧洲人可以非常容易地辨认本民族的面孔，但是非常容易混淆亚洲人的面孔。人们又发现，如果大脑某个半球的一个区域受损并产生功能障碍，随着时间流逝，另一半球的对称区域就会"接替"受损区域，掌管相应功能。这些都表明大脑神经网络具有极强的可塑性。大脑学习算法的普适性和可塑性一直激励着计算机科学家不懈地努力探索。

与传统神经网络相比，深度学习的最大特色在于神经网络的层数大幅增加。深度网络难以收敛的技术瓶颈最终被打破，主要的技术突破在于以下几点：首先，计算能力的空前增强。目前，深度网络动辄上百层，连接参数数十亿，训练样本经常能达到数千万直至上亿，训练算法需要在大规模计算机集群上运行数月，这些训练过程需要非常庞大的计算资源。计算机计算能力的提升，特别是 GPU 的迅猛发展，为深度学习提供了强有力的硬件保障。其次，数据的积累。特别是互联网的大规模普及，智能手机的广泛使用，使得规模庞大的图像数据集能够被采集、上传到云端，集中存储处理。深度学习需要使用越来越大的数据集，大数据的积累能提供数据保障。最后，深度学习网络初始化的选择。传统神经网络随机初始化，学习过程漫长，并且容易陷入局部最优而无法达到性能要求。目前的方法是使用非监督数据来训练模型以达到特征自动提取，而有针对性地初始化网络，加速了学习过程的收敛，提高了学习效率。更为关键的是优化方法的改进，目前的技术采用更加简单的优化方法，特别是随机梯度下降方法的应用提高了收敛速率和系统稳定性。

四、神经网络简史

1. 第一次浪潮

1943 年，科学家沃伦·麦卡洛克和沃尔特·皮茨提出了神经网络作为一个计算模型的理论。1957 年，康奈尔大学教授弗兰克·罗森布拉特提出了"感知器"模型。感知器是第一个用算法来精确定义的神经网络，第一个具有自组织、自学习能力的数学模型，是日后许多新的神经网络模型的始祖。感知器的技术在 20 世纪 60 年代带来人工智能的第一次高潮。1969 年，马文·明斯基和西蒙·派珀特在《感知器：计算几何简介》一书中强烈地批判了感知器模型。此后的十几年，以神经网络为基础的人工智能研究进入低潮。

2. 第二次浪潮

传统的感知器用所谓"梯度下降"的算法纠错时，其运算量和神经元数目的平方成正比，因而计算量巨大。1986年，杰弗里·辛顿和大卫·莱姆哈特合作在《自然》发表论文，系统地提出了应用反向传播算法，把纠错的运算量下降到只和神经元数目成正比。同时，通过在神经网络里增加一个所谓的隐层，反向传播算法同时也解决了感知器无法解决的异或门难题。杨立昆于1989年发表了论文《反向传播算法在手写邮政编码上的应用》，他用美国邮政系统提供的近万个手写数字的样本来训练神经网络系统，在独立的测试样本中错误率低至5%，达到实用水准。之后，他进一步运用卷积神经网络的技术，开发出商业软件，用于读取银行支票上的手写数字，这个支票识别系统在20世纪90年代末占据了美国接近20%的市场。

贝尔实验室的弗拉基米尔·万普尼克在1963年提出了支持向量机的算法。在数据样本线性不可分的时候，支持向量机使用所谓"核机制"的非线性映射算法，将线性不可分的样本转化到高维特征空间，使其线性可分。作为一种分类算法，从20世纪90年代初开始，该技术在图像和语音识别上找到了广泛的用途。在手写邮政编码的识别问题上，该技术在1998年错误率降至0.8%，2002年最低达到了0.56%，远远超越同期的传统神经网络。

但是，传统神经网络的反向传播算法遇到了本质难题，即梯度消失。这个问题在1991年被德国学者塞普·霍克赖特第一次清晰提出并阐明原因。简单地说，就是成本函数从输出层反向传播时，每经过一层，梯度衰减速度极快，学习速度变得极慢，神经网络很容易停滞于局部最优解而无法自拔。同时，算法训练时间过长会出现过度拟合，从而把噪音当成有效信号。而SVM理论完备、机理简单、容易重复，从而得到主流的追捧。SVM技术在图像和语音识别方面的成功使得神经网络的研究重新陷入低潮。

3. 第三次浪潮

（1）改进算法

2006年，杰弗里·辛顿和合作者发表了论文《深信度网络的一种快速算法》，在这篇论文里，杰弗里·辛顿在算法上的核心是借用了统计力学里的"玻尔兹曼分布"的概念，使用所谓的"限制玻尔兹曼机"（RBM）来学习。RBM 相当于一个两层网络，可以对神经网络实现"没有监督的训练"。而深信度网络就是几层 RBM 叠加在一起，RBM 可以从输入数据中进行预先训练，自行发现重要特征，对神经网络连接的权重进行有效的初始化。经过 RBM 预先训练初始化后的神经网络，再用反向传播算法微调，让效果得到大幅度提升。

2011 年，加拿大蒙特利尔大学学者约书亚·本吉奥发表了论文《深而稀疏的修正神经网络》，论文的算法中使用一种称为"修正线性单元"（RELU）的激励函数。与使用别的激励函数的模型相比，RELU 识别错误率更低，而且其有效性对于神经网络是否进行"预先训练"并不敏感。且 RELU 的导数是常数，非零即一，不存在传统激励函数在反向传播计算中的"梯度消失问题"。由于统计上约一半的神经元在计算过程中输出为零，使用 RELU 的模型计算效率更高，而且自然而然地形成了所谓"稀疏表征"，用少量的神经元可以高效、灵活、稳健地表达抽象复杂的概念。

2012 年 7 月，杰弗里·辛顿发表了论文《通过阻止特征检测器的共同作用来改进神经网络》，为了解决过度拟合的问题，论文中采用了一种新的被称为"丢弃"的算法。丢弃算法的具体实施是在每次培训中给每个神经元一定的概率，比如 50%，假装它不存在，计算中忽略不计。使用丢弃算法的神经网络被强迫用不同的、独立的神经元的子集来接受学习训练。这样能够让网络更强健，避免了过度拟合，不会因为外在输入的很小噪音导致输出质量的很大差异。

（2）使用 GPU 提高计算能力

2009 年 6 月，斯坦福大学的吴恩达发表了论文《用 GPU 大规模无监督深度学习》，论文模型里的参数总数（各层不同神经元之间链接的总数）达到 1 亿。与之相比，杰弗里·辛顿在 2006 年的论文里用到的参数数目只有 170 万。论文结果显示，使用 GPU 的运行速度和用传统双核 CPU 相比，最快时要快近 70 倍。在一个四层、1 亿个参数的深信度网络上，使用 GPU 能把程序运行时间从几周降到一天。

2010 年，瑞士学者丹·奇雷桑发表论文 *Deep big simple neural nets excel*

on handwritten digit al recognition，其中使用的还是 20 世纪 80 年代的反向传播计算方法，但是计算搬移到 GPU 上实现后，在反向传播计算时速度比传统 CPU 快了 40 倍。2012 年还在斯坦福大学做研究生的黎越国领衔，和他的导师吴恩达，以及众多谷歌的科学家联合发表论文《用大规模无监督学习建造高层次特征》，文章中使用了九层神经网络，网络的参数数量高达 10 亿。

（3）海量的训练数据

在黎越国的文章中，用于训练这个神经网络的图像都是从谷歌的录像网站上截屏获得。1 000 万个原始录像，每个录像只截取一张图片，每张图片有 4 万个像素。与之相比，先前大部分论文使用的训练图像，原始图像的数目大多在 10 万以下，图片的像素大多不到 1 000。同时，黎越国的计算模型分布式地在 1 000 台机器（每台机器有 16 个 CPU 内核）上运行，花了三天三夜才完成培训。互联网的大规模普及，智能手机的广泛使用，使得规模庞大的图像数据集能够被采集，并在云端集中存储处理。大数据的积累为深度学习提供了数据保障。

五、全面超越

1. 图像识别

2009 年，普林斯顿大学计算机系的华人学者邓嘉发表了论文 ImageNet: A large scale hierarchica limage database，宣布建立第一个超大型图像数据库供计算机视觉研究者使用。2010 年，以 Image Net 为基础的大型图像识别竞赛第一次举办。竞赛最初的规则是以数据库内 120 万个图像为训练样本，这些图像属于 1 000 多个不同的类别，都被手工标注。经过培训过的程序，再用于 5 万个测试图像评估，看看它对图像的分类是否准确。

2012 年，杰弗里·辛顿和他的两个研究生亚历克斯·克里热夫斯基、伊尔亚·苏茨克维将深度学习的最新技术用到 Image Net 的问题上。他们的模型是一个总共 8 层的卷积神经网络，有 65 万个神经元，6 000 万个自由参数。这个神经网络使用了丢弃算法和修正线性单元（RELU）的激励函数。杰弗里·辛顿的团队使用两个 GPU，让程序接受 120 万个图像训练，花了接近 6 天时间。经过训练的模型，面对 15 万个测试图像，预测的前五个类别的错误率只有 15.3%，在有 30 个团体参与的 2012 年 Image Net 的竞赛中，测试结果稳居第一。排名第二的是来自日本团队的模型，相应的错误率则高达 26.2%。这标志着神经网络在图像识别领域大幅度超越其他技术，成为人工智能技术突破的一个转折点。

2015 年 12 月的 Image Net 图像识别的竞赛中，来自微软亚洲研究院（MSRA）的团队夺冠。随着网络深度增加，学习的效率反而下降，为了解决有效信息在层层传递中衰减的问题，MSRA 团队尝试了一种称为"深度残余学习"的算法。该模型，使用深达 152 层的神经网络，头五个类别的识别错误率创造了 3.57% 的新低，这个数字已经低于一个正常人的大约 5% 的错误率。

2. 语音识别

RNN，也称循环神经网络或多层反馈神经网络，它也是另一类非常重要的神经网络。本质上 RNN 和前馈网络的区别是，它可以保留一个内存状态的记忆来处理一个序列的输入，这对手写字的识别、语音识别和自然语言处理尤为重要。2012 年，杰弗里·辛顿、邓力和其他几位代表四个不同机构的研究者，联合发表论文《深度神经网络在语音识别的声学模型中的应用：四个研究小组的共同观点》。研究者们借用了杰弗里·辛顿使用的"限制玻尔兹曼机"的算法对神经网络进行了"预培训"，深度神经网络模型被用来估算识别文字的概率，在谷歌的一个语音输入基准测试中，单词错误率最低达到了 12.3%。

2013 年，多伦多大学的亚历克斯·格雷屋斯领衔发表论文《深度循环神经网络用于语音识别》，论文中使用 RNN/LSTM 的技术、430 万个自由参数的网络，在一个叫作 TIMIT 的基准测试中"音位错误率"达到 17.7%，优于同期的其他所有技术的表现水准。2015 年，谷歌宣布依靠 RNN/LSTM 相关的技术，谷歌语音的单词错误率降到了 8%（正常人大约 4%）。

同年，百度 AI 实验室的达里奥·阿莫迪领衔发表论文《英语和汉语的端对端的语音识别》。论文的模型使用的是 LSTM 的一个简化的变种，叫作"封闭循环单元"。百度的英文语音识别系统接受了将近 12 000 小时的语音训练，在 16 个 GPU 上完成训练需要 3~5 天，并在基准测试中，其单词错误率低至 3.1%，已经超过正常人的识别能力（5%）。在汉语基准测试中，机器的识别错误率也低至 3.7%。

随着技术的进一步发展，机器在语音识别的各种基准测试上的准确度很快将全面赶上并超过普通人。这是在图像识别之后人工智能即将攻克的另一个难关。

3. 艺术创作

很久以来，人们倾向于认为机器可以理解人类的逻辑思维，却无法理解人类的丰富感情，更无法理解人类的美学价值，当然机器也就无法产生具有美学价值的作品。但事实胜于雄辩，随着阿尔法狗对局李世石下出石破天惊的一步，棋圣聂卫平先生向阿尔法狗的下法脱帽致敬，这说明深度学习算法已经能够自发创造美学价值。许多棋手在棋盘方寸间纵横一生，所追寻的就是美轮美奂的神机妙手。如此深邃优美、玄奥抽象，一夜间变成了枯燥平淡的神经元参数，这令许多人心生幻灭。

其实，在视觉艺术领域，人工神经网络已经可以将一幅作品的内容和风格分开，同时向艺术大师学习艺术风格，并把艺术风格转移到另外的作品中，用不同艺术家的风格来渲染同样的内容。这意味着人工神经网络可以精确量化原本许多人文科学中模糊含混的概念，例如，特定领域中的"艺术风格"，博弈中的"棋风"，并且使这些只可意会、无法言传的技巧风格变得朴实无华，容易复制和推广。

4. 其他方面

在游戏博弈方面，谷歌 Deep Mind 团队开发的深度 Q 网络（DQN）在49 种 Atari 像素游戏中，29 种达到乃至超过人类职业选手的水平。

2016 年，来自谷歌的 AI 实验室报道，研究者用 2 865 部英文言情小说培训机器，让机器学习言情小说的叙事和用词风格。从程序的演化过程看，机器模型先领悟了单词之间的空格的结构，然后慢慢认识了更多单词，由短到长，标点符号的规则也慢慢掌握，一些有更多长期相关性的语句结构，慢慢地也被机器掌握。

同年 5 月，谷歌的 Deep Mind 团队撰文称他们开发了一个"神经编程解释器"（NPI），这个神经网络能够自己学习并且编辑简单的程序，可以取代部分初级程序员的工作了。

六、人工智能商业化浪潮

杰弗里·辛顿和他的两个研究生亚历克斯·克里热夫司机、伊尔亚·苏茨克维，于2012年成立了一个名叫"深度神经网络研究"（DNN research）的公司，3个月后就被谷歌以500万美元收购。杰弗里·辛顿从此一半时间留在多伦多大学，另外一半时间在硅谷。两位研究生则成为谷歌的全职雇员。原来在纽约大学教书的杨立昆，2013年被脸书聘请为人工智能研究院的总管。曾在斯坦福大学和谷歌工作的吴恩达，2012年创立了网上教育公司Coursera，2014年被百度聘任为首席科学家并负责百度大脑的计划。2015年，谷歌公布开源机器学习平台Tensor Flow；脸书打造其专属机器学习平台FBLearner Flow，大幅提高员工效率；同年5月，特斯拉创立开源人工智能系统OpenAI。其他工业巨头也纷纷斥巨资推动人工智能的发展，例如，IBM的沃森系统、百度大脑计划、微软的同声翻译，等等。

2016年，IBM正在率先推动全球人工智能的第一次商业化浪潮与核心业务转型。目前，深度学习的研究热点正在迅速转向基于深度卷积神经网络的物体检测与定位/分割能力，该突破将推动人工智能的实际应用与产业发展。随着人工智能与大数据、云平台、机器人、移动互联网及物联网等的深度融合，人工智能技术与产业开始扮演着基础性、关键性和前沿性的核心角色。智能机器正逐步获得更多的感知与决策能力，变得更具自主性，环境适应能力更强；其应用范围也从制造业不断扩展到家庭、娱乐、教育、军事等专业服务领域。通过将大数据转化为商业直觉、智能化业务流程和差异化产品/服务，人工智能开始逐步占据医疗、金融、保险、律师、新闻、数字个人助理等现代服务业的核心地位，并且不断渗入人们的日常生活。

第二节 人工智能的特点

近年来，伴随Alphago、无人驾驶、智慧医院、机器翻译以及机器人在工业、服务业等领域的应用，人工智能正以前所未有的速度迅速崛起，深刻改变着我们的生产、生活各个方面。国务院在《"十三五"国家科技创新规划》《"十三五"国家战略性新兴产业发展规划》《"互联网+"人工智能三年行动实施方案》中，都明确把人工智能的发展作为战略重点进行部署。2017年7月20日，国务院正式印发了《新一代人工智能发展规划》，提出人工智能发展的"三步走"战略目标，这标志着人工智能发展已被上升为国家战略。党的十九大报告进一步明确提出"加快发展先进制造业，推动互联网、大数据、人工智能和实体经济深度融合"的发展思路，重申了人工智能发展的重要性。

人工智能一方面会节约劳动时间，另一方面也会使就业面临严峻挑战。我国如何在人工智能时代贯彻以人民为中心的发展思想，实现充分就业，使得"人人都有通过辛勤劳动实现自身发展的机会"，已经成为一个迫切需要解决的课题。此外，人工智能在改变生产方式的同时，也在改变传统的生产关系，新时代下我国劳动关系将何去何从，也是人工智能给我们提出的新时代命题。

一、"人工智能"的技术特点

人工智能（Artificial Intelligence，简称 AI），它是研究、开发用于模拟、延伸和扩展人的智能的理论、方法、技术及应用系统的一门新的技术科学。人工智能中的"Artificial"一词翻译成汉语有"模仿"之意，这表明人工智能是人类凭借自身能力创造出来的类似于人的智能体系。因此，人工智能系统的智能水平，取决于人类自身科学技术发展的水平。最早提出"人工智能"是在1956年的达特茅斯夏季人工智能研究会上。经过60多年的发展，直到20世纪90年代后期随着计算机计算能力的提高和数据挖掘技术的发展，人工智能的研究步伐才明显加快。进入新世纪以后，凭借大数据、云计算、深度学习等技术的突破，人工智能技术掀起了新一轮的发展高潮。

人工智能的技术创新主要沿着两条路线进行：一条是模仿人脑的神经结构网络的发展路线；另一条是实现智能功能的发展路线。前者由于在各个时代遇到数据、硬件、运算能力等种种限制，虽然在图像、语音等领域都取得了领先成果，但其所需的训练成本、调参复杂度等问题仍备受诟病。后者是一种建立在统计基础上的、以实现人类智能功能为目的的浅层学习算法，

20世纪80、90年代，这种技术便已经取得了统计分类、回归分析以及脸部识别和检测等方面的广泛应用和良好表现，成为人们最青睐的人工智能发展路径。

现如今，集合各种算法的机器学习技术，在人工智能的发展中居于核心地位，也是人工智能发展水平的标志，目前大致分为浅层学习和深度学习两个层次。浅层学习主要有"无监督学习""监督学习"和"强化学习"等几种主要类型，一般专注于且只能解决特定领域的问题，属于"限制领域人工智能"或"应用型人工智能"，也被称作"弱人工智能"。深度学习使用了更多的参数，模型也更复杂，从而使得模型对数据的理解更加深入，也更加智能。人们一般认为深度学习是通向"强人工智能"的钥匙，即一种可以胜任人类所有工作的人工智能，也叫"通用人工智能"或"完全人工智能"。此外，还有一种存在于人们想象中的"超人工智能"，它可以比世界上最聪明、最有天赋的人类还聪明。

人工智能的实现，不是仅靠机器学习，还要有作为"基础设施"的硬件（计算能力）和大数据，以及作为"学习结果"的各种计算机技术，包括计算机视觉技术、语音技术、自然语言处理技术、规划决策系统和统计分析技术等，最后才能到达最顶层的实际应用，即行业解决方案。目前比较成熟的包括金融、安防、交通、医疗、游戏等。迄今为止，所有人工智能算法和应用，都还属于弱人工智能范畴。由于其采用了完全不同于人脑的作用机制，且仅能够在部分功能上模仿人脑，使其在技术上具有人工操作性、功能限制性等特点，是一种非自主性、非系统性的人工智能，在性质上仍然是人类的工具，尚不会对人类自身构成威胁。

另外，人工智能技术对生产、分配、交换和消费各个环节都产生了重大影响。其中，人工智能时代的生产与机器大工业时代的生产既有联系又有区别。从联系的角度看，人工智能时代本质上仍然是机器时代，是第三次科技革命的进一步发展，其技术载体依然是机器。从区别上看，人工智能具有了"智能"特点，也就是说机器有了类似于人的"大脑"，这与以前的机器只是人的身体或四肢的替代相比有了重大进步。这一重大变化意味着人工智能下的生产活动和劳动过程必然会具有不同于以往的一些新的特点。

二、人工智能对生产活动和劳动过程的影响

人工智能技术不同于以往信息技术的边际改进，而是一次大的飞跃。伴随机器本身智能化程度越来越高，生产活动和劳动过程将出现生产无人化、技术主导化、分工水平化、竞争全球化等新特点。所以，基于人工智能技术的基础性、变革的深刻性以及影响的广泛性，也有人把它称为是"技术奇点"，其在现实生产中的应用，也必将产生经济发展的"奇点效应"，值得大家高度关注和深入研究。

具体说来，人工智能时代的生产将具有以下一些新变化：

1. 机器对生产全流程实行自动控制

从蒸汽机到珍妮纺纱机、从电动机到流水线、从计算机到"无人工厂"，人类不断在用机器延伸自己的四肢和头脑，不断突破人自身在生产中的生理局限，从而获得更高的生产效率。这种看似"自动"的生产，实际上只是动力机、传输机、工作机的机械化过程，整个流程的控制依然离不开人工的设置和操作，应对生产中各种复杂和变动情况的工作依然要靠人的介入。所以传统的机器生产从根本上看还是人控制下的机器生产。

而人工智能时代的生产则不同，在大数据和机器学习的崭新技术平台上，控制机可以根据对产品需求数据的深度学习，自行调整生产控制参数，不断优化生产产品的结构和质量。机器已能部分模拟人的大脑功能，对机器和机器之间实行自动化调节和控制。这种"机器控制机器"的新生产方式，趋向于把人完全从具体的生产过程中解放出去，实现生产的完全无人化，这必将对整个生产过程中人与机器、人与人之间的关系产生深远影响。

2. 以技术创新取代产品创新作为生产发展的驱动力

传统的生产方式，是以引导需求的产品创新为主要驱动力。通过不断生产出规模化的新产品，引导人们的产品消费需求逐渐走向多样化、丰富化。例如，汽车取代精美的马车、手机取代电报、纸巾取代手绣丝帕等，都是这种"技术—需求"型生产的结果。而人工智能生产则相反，由于大数据和云计算等工具的开发和使用，人们消费需求的实时变化信息显性化了，率先进行技术创新，及时满足人类这些被捕捉到的无穷多样的细分需求，就成为人工智能时代生产的内在驱动力，构成了一种"需求—技术"的新型生产

模式。

3. 生产分工由垂直分工趋向水平分工

传统的生产，如福特制和丰田制生产，都是追求规模经济效应和范围经济效应的垂直型企业结构，通过上下游企业的"内部一体化"和"产业化"，将企业整合成一个从原材料到销售各个环节齐全的企业集团，最终体现在市场上的是一种包含产品研发、原材料集成、人力资源培训、价值生产、零部件组装、成品包装、运输销售乃至后勤、人事管理等无所不包的全产业链系统。而人工智能的生产则不同，为了夺取产品核心技术的制高点，它可以把购买、生产和销售等不同环节，依据不同的技术标准，进行深度细分，进而把每一个独立的技术单元，变成一个个独立的价值模块，并在此基础上展开企业之间模块化的分工和竞争。最终完成产品的人，只需要从市场上购买与自己的核心技术相匹配的各种零部件，进行组装就可以了。因此，不会剪裁的服装设计师，同样可以拥有自己的时装品牌；只拥有一块高性能的电池，就能撑起一个电动汽车的新王国。

伴随人工智能时代的企业生产模块化，企业与企业之间的分工也从原来的"纵向一体"变为"横向并列"，企业纷纷把自身不具有竞争优势的一些经营项目，通过业务外包从企业内部转移出去，集中全部精力打造自身的核心技术，即所谓的企业"归核化"战略。其结果就是，一方面企业"瘦身"，专业化企业代替了多元化企业，彼此之间依靠市场展开模块化生产的竞争和合作；另一方面是企业内部员工技术水平的"同质化"，以往建立在不同技能基础上的科层制垂直分工，被相似技能水平的水平分工所替代，企业管理趋向扁平化、民主化，知识型、技能型劳动者的地位明显上升。

4. 国际竞争成为市场竞争的主要方式

如果说过去福特制、丰田制下的国际竞争是"资本"主导下的地域竞争，体现的是"原料—生产—市场"的关系，是一种自觉的国际经济布局，那么人工智能生产条件下的国际竞争则是"技术"主导下的跨国竞争，体现的是"技术—制造"的关系，是在全球范围内市场自发形成的国际经济分工关系。信息技术的发展和国际市场的成熟，进一步打破了国家之间的经济壁垒，加快了技术的跨国竞争和跨国转移，使国际化的生产和交换关系进一步加强,世界经济一体化进程加速。企业归核化运动使得跨国企业之间由过去的"母子公司"关系转变为平行公司之间的关系,整个国际经济体系以创新性技术为主导,处在一个不断变化的动态调整过程中,国际竞争不断加剧。相应地,企业间的竞争逐渐突破国界限制,国际竞争成为市场竞争的主战场。这些变化必将在国际范围内对工人阶级产生深远影响。

三、人工智能技术对劳动者的影响

作为第三次科技革命的延续,人工智能技术的发展有取消企业内部分工的趋向,劳动者将在新一轮产业的重大变革中,不断突破传统分工对劳动者的束缚,一种新型的劳动方式和劳动关系呼之欲出。然而,分工也具有二重性,它不仅反映生产力发展的客观要求,也反映社会生产关系主导者的阶级意志。尽管从历史发展的角度看,分工深化促进生产力的发展是不以人的意志为转移的,但在现实中不同社会制度还是会对新技术以及与之相匹配的生产关系的变革产生促进或延缓的作用。

具体到人工智能技术,其对劳动者的影响主要体现在以下几个方面:

1. 节约劳动的同时伴随失业威胁

如果抛开生产关系,仅从技术本身的角度看,人工智能技术的应用,既是人类积累劳动的结果,也是节约劳动的途径。人工智能不仅可以使人们进一步摆脱繁重、枯燥的劳动,而且会因为劳动生产率的提高而大量节约劳动时间,相应地延长自由支配的时间,这有利于人们进行自我发展和自我完善,促进人的全面发展。然而,在以利润最大化为生产目的的资本主义生产活动中,人工智能节约的劳动,可能带来的是大量劳动者的失业。

由于人工智能机器具有一定的学习能力,人类一些程式化的思考将被机器所取代,从事相关工作的人将面临失业的风险。有研究者指出,未来十年内,诸如翻译、助理、销售、客服、会计、司机、家政等工作的90%将被人工智能全部或部分取代,约50%的人类工作会受到人工智能的影响。世界著名管理咨询公司麦肯锡于2015年11月发表论文指出,当机器对自然语言的理解能力达到人类平均水平时,有可能被自动化的工作内容将上升至58%。人工智能带来的失业危险,并不是人工智能这种技术本身造成的,而是人工智能在特定生产关系下的应用造成的。马克思曾经深刻指出产业后备军的存在对于资本的意义,即"产业后备军在停滞和中等繁荣时期加压于现役劳动军,在生产过剩和亢进时期又抑制现役劳动军的要求",这有利于资本在经济发展周期中的任何阶段都尽可能多的获取剩余价值。所以资本关系主导下的人工智能发展,必然会再一次印证马克思所揭示的这一资本主义所特有的人口规律,在资本积累和技术进步的相互推进过程中,把大量相对过剩人口从生产岗位上排挤出来,抛入失业大军。值得一提的是,由于人工智能在生产过程中发展的趋势,是彻底排除活劳动,这就意味着有些机构将向最高极限发展,无人工厂会越来越多,工人再就业的可能性变小,失业将是绝对的、长期的现象。当然,如果社会生产的根本目的发生变化,不是为了追求资本价值增值,而是为了满足人民需要,这种失业的威胁就有可能改观,劳动解放的前景就会逼近。

2. 劳动者队伍知识化的同时伴随劳动者的分化

科学技术进步是人类智慧积累的体现,每一次科学技术革命,都会对劳动者技能素质本身提出新的要求。例如,蒸汽机的应用,要求劳动者不仅要掌握生产工艺,而且还要会协调生产中机器和人的关系;电力的应用,要求劳动者通过更高水平的教育,具有某项专门化技能,以满足细密分工的需要等。

人工智能是伴随计算机和网络技术的应用而发展起来的,其生产分工有一个先趋向两极化再走向高知化的发展过程。智能机器及其操控下的动力机械,迅速替代了流水线上那些简单重复的中低技能岗位,甚至也替代了程式化的机器操控岗位,只留下了技术研发、机器保全、机器维修等需要较为高级知识的工作,以及残次品的鉴别和分拣、突发和复杂情况下的人工切换等较为低端的岗位,工人在知识技能上呈现两极分化的趋势。这种趋势伴随机器智能化程度的进一步提高,会发生一个转变,一方面低端的无知识或少技能人工劳动会被机器逐步替代,直至完全消失;另一方面,建立在技术创新基础上的模块化生产竞争,要求从业工人普遍具有较高的知识水平和创新能力。从而整个社会劳动者队伍的知识水平会越来越高,知识型、技能型劳动将成为社会劳动的主体,无知无能的简单劳动将会逐渐退出生产领域。

但在资本主义生产方式中,为了不失去资本对工人队伍的控制,资本家往往会采取技术垄断的方式,人为制造工人之间的分化。例如,一方面通过赋予股权、民主管理、高端培训等，对企业内部的核心技术员工，以及掌握领先技术的核心企业员工进行收买和激励，培养少数工人贵族和技术骨干；另一方面在具体的生产过程中通过细化分工，碎片化生产技术，同时固化分工岗位、提高劳动强度等，来阻止普通工人的上升通道，直至被自动化生产体系抛入失业大军。这种刻意强化的技术工人和非技术工人、在岗工人和待岗工人、固定工人和流动工人等工人内部之间的差别，不仅制造了大量贫困，而且还瓦解了工人之间的团结，降低了工会的谈判能力，从根本上阻碍了劳动解放和社会进步的脚步。例如，20世纪70年代，美国体力劳动工人为了获得雇佣，平均受教育程度自发从10.5年提高到12.1年，与事务所和商业职员为12.6年、行政工作人员为12.7年几乎相差不大。但这并没有改变他们大量失业的命运，反而那些曾经的办公室"白领"职员，由于办公自动化程度的提高，无论是技能还是收入都不断与车间工人趋同，逐渐拉大了与企业技术员工的差距。

3. 劳动合作国际化的同时伴随产业金融化的风险

人工智能的模块化生产方式，在收缩企业经营方向的同时，也使生产的核心技术进一步被分解成若干价值模块，同时相对降低了每个价值模块的技术门槛。伴随人工智能通用技术的不断发展和推广，任何一个价值模块都有可能集中自身优势，从而取得技术突破，在国际竞争中获得优势地位，成为国际竞争舞台上长袖善舞的魔法师，把全世界最优秀的配套资源招至麾下，不断影响并改变着国际分工格局。例如，印度的芯片、中国的移动支付等，都对世界相关产业的技术升级和结构调整产生着深远影响。

世界各地的生产将以掌握核心技术的企业为中心，处于一个动态的分工合作的全球市场中。这意味着世界经济发展将从传统的发达国家主导转变为创新性技术主导，发达资本主义国家在国际分工中的稳定的优势地位将受到挑战，劳动之间的国际化合作进一步增强。发达国家把剥离出来的物质生产活动转移到发展中国家和落后国家，通过剥削这些国家的廉价劳动力而获取高额利润。这说明发达资本主义国家的产业空心化和金融化，是以不合理的国际经济旧秩序为基础、以发达国家与发展中国家之间信息技术的巨大差异为前提的。这与人工智能技术所要求的劳动合作国际化相违背，因为劳动合作的国际化客观上需要依托实体经济，在国际市场竞争中实现全球劳动技能的梯级发展。而发达国家近些年出现了不得不向实体经济回归的迹象,也证明了这一点。但在资本关系主导下,只要发达资本主义国家和新兴市场国家获得相对技术优势,就存在产业经济"脱实向虚"的金融化风险。而若想要彻底改变这一趋势,就必须超越单一的资本逻辑,改变社会制度和社会生产目的,从根本上扭转人工智能技术进步与人的劳动之间的异化关系。

四、我国发展人工智能技术的基本思路

人工智能时代的到来,对于广大劳动者而言,既是机遇也是挑战。机遇在于人工智能所带来的新的生产方式,将为劳动者的解放开辟前所未有的广阔前景,为劳动者的全面发展提供有利物质条件;挑战在于我国能否发挥制度优势,在人工智能技术可能引发的"失业潮""技术战""动力源"等问题上创新发展,走出一条超越当代资本主义制度局限、实现劳动解放的中国道路。党的十九大报告强调新时代中国特色社会主义要坚持以人民为中心的发展思想,始终把人民的利益摆在至高无上的地位,让改革发展成果更多更公平的惠及全体人民,朝着实现全体人民共同富裕不断迈进。这为我国人工智能技术在新时代的发展指明了方向,我们必须要坚定制度自信,拿出敢为人先的勇气,抓住机遇,迎接挑战,有所作为。

1. 依托实体经济,推动充分就业

人工智能可能引发的失业潮,除了资本家主观上为追逐剩余价值最大化目标而制造产业后备军外,客观上还有两个方面的原因:一是人工智能替代了生产过程中的低技术劳动岗位,造成这部分工人的结构性失业;二是人工智能进一步提高了资本有机构成,由于平均利润率下降而导致资本流向虚拟经济,影响实体经济的发展,而实体经济萎缩会造成工人失业。事实上,人工智能并不排斥"人工",相反,它是以高技术人才队伍的建设为基础的,只要我们端正"利为民所谋"的经济发展方向,实现人工智能条件下的充分就业是可能的。

党的十九大报告明确把我国建设现代化经济体系的着力点放在实体经济上,提出人工智能和实体经济深度融合的发展思路,这既符合科技与经济发展的规律,也符合我国国情,为我们在人工智能时代推进充分就业创造了条件。首先,人工智能技术只有依托实体经济才能形成现实需求,为

劳动者提供技术研发、设备保全、咨询服务、后勤保障等多层次劳动岗位。其次，人工智能只有融入实体经济才能形成创新驱动，而创新则为我国人才发展指明方向。人工智能融入实体经济，使劳动者通过教育体系或岗位培训，迅速提高职业技能，解决结构性就业矛盾。最后，人工智能只有引领实体经济，才能形成新的国际分工优势，将"中国制造"变为"中国智造"，用有国际影响的拳头产品带动中国优质劳动力走向世界，拓宽国际劳务合作的就业渠道。总之，只要我们积极努力，劳动者"人人都有通过辛勤劳动实现自身发展机会"的美好愿景就一定能够实现。

2. 实现技术共享，体现社会公平

人工智能技术具有双重性，一方面可以提高效率、节约劳动；另一方面又可能导致劳动者技能分化、工人贫穷。在资本主义生产关系中，二者的矛盾具有不可调和性。而社会主义劳动者之间平等合作的生产关系，可以通过技术共享的方式，最大限度实现社会公平。

我国人工智能时代的技术共享，一方面应致力于打破技术垄断，通过技术共建、岗位轮换、职业教育终身化等方式，实现劳动者在新技术面前的机会平等和竞争公平。技术垄断是导致工人技能分化进而形成贫富差距的根本原因，只有把劳动的技术分工与劳动者的生产分工适当"解绑"，在合理的劳动秩序中实行分步推进的岗位轮换，以及边干边学的岗位培训等，才能真正在技术公开的前提下推进工人平等。另一方面，人工智能技术本身也需要实现技术共享。人工智能技术不同于以往的技术创新，由于它是模仿人类的意识和智能，因而具有较高的复杂性和较大的风险性，其数据搜集、机器学习模型建立、智能芯片开发、行业应用、风险防控等涉及多个专业和多个层次的劳动者，只有打破技术垄断，才能让更多的人参与进来，群策群力、联防联治，共同为新技术的健康发展保驾护航。共建共享人工智能技术是相辅相成的关系，只有技术共享，才有技术共建；反过来，只有大众有机会平等参与新技术开发，才能真正实现人才培养的公平化，进而真正消除技术垄断的可能。

我国人工智能时代的技术共享，还包括技术成果的全民全面共享。人工智能技术具有基础性，可以运用在多个领域，进行多重开发，这也必将会在生产生活的各个方面造福人民。例如，语音识别技术就可以在具体操作中解放双手，对于老年人、驾驶员、搬运工、致残者等提供很大便利。又如，自动感应、智能控制系统在农业灌溉、家居生活、公共场所的运用，能在节省人力、提高效率的同时，极大改善人们的主观体验，享受到便捷而低廉的个性化服务，从而产生强烈的幸福感和经济发展的获得感。

3. 满足人民需要，迈向共同富裕

党的十九大报告指出，我国新时代社会主要矛盾转化为人民日益增长的美好生活需要和不平衡、不充分的发展之间的矛盾。把人民对美好生活的需要作为我们的生产目的，不仅是社会主义制度优越性的体现，也与人工智能等当代新技术的发展方向相契合。人民对美好生活的需要是不断提高和变化的，这为我国人工智能时代的生产注入了源源不断的发展动力；人民对美好生活的需要具有普遍性和大众性，这为我国眼睛向内、深入挖潜，推动人工智能技术的应用提供了广阔市场；人民对美好生活的最高需要是实现共同富裕，真正从谋生性的劳动中解放出来，获得人自身的全面发展，这为我国人工智能发展不断取得技术突破、攀登世界科技创新的最高峰创造了持续的精神动力和智力支持。可见，只有把满足人民对美好生活的需要，作为人工智能等新技术运用和发展的目标，才能突破狭隘的盈利视角，在推动先进生产力持续发展的同时，提高人民的获得感和幸福感，迎来整个社会和谐稳定的发展新态势。

当然，在社会主义市场经济中，满足人民对美好生活的需要大部分还要通过市场上的商品货币关系来实现，有人因此认为社会主义生产目的与资本主义生产目的是没有区别的。事实上，这种认识只是看到了问题的表面。在中国特色社会主义制度下，市场经济是作为资源配置的手段，来更好地调动各方面的积极性，发展生产，满足需要的。市场在资源配置中起决定性作用，并不意味着市场在经济活动中起全部作用。以人工智能技术下的自动驾驶汽车的生产为例，这是当今汽车行业国际竞争的新焦点。如果单纯以盈利为目的开发自动驾驶汽车，开发商重点考虑的只是汽车本身怎么研发更好卖、更赚钱。但我国在自动汽车的开发方面，会综合考虑道路安全、清洁动力、人员安置、相关社会配套服务等多重目标的建设，毕竟人民对自动汽车的期望，不仅只是操作的便捷，还要维护和发展安全、美丽、和谐的社会环境。党的十九大报告强调"把提高供给体系质量作为主攻方向，显著增强我国经济质

量优势",正是这种以人民为中心,结合市场优势和制度优势的发展思路的具体体现。

第三节 人工智能技术在电气自动化控制中的应用

当今社会,很多行业都开始运用人工智能技术。人工智能技术得到了社会各领域的高度重视,大量的专家投入研究。人工智能模拟了人脑的工作模式,可以节省大量的人力资源。人工智能与机器结合,机器就能够拥有智能的工作方式,就可以代替人工作,一些人无法完成的工作,人工智能机器可以更好地完成。目前,人工智能已经广泛运用于电气工程自动化,大大提升了电气工程自动化的效率。事实证明,人工智能技术很适合电气工程自动化,它们的结合发展有非常不错的前景。人工智能技术加入到电气工程自动化能够让电气自动化系统进行更为高效、及时的数据处理,促进了电气产业的发展。由此可见,人工智能技术给电气工程自动化带来了很多的好处,相信随着时代进展,一定能够大放光彩。

一、电气自动化控制中人工智能的应用现状

1. 人工智能技术对于生产、工作的意义

人工智能的一个最大特点或者说最大优势就是它可以通过对信息进行收集和反馈、研究,进行有效处理,从而代替人类进行复杂的脑力劳动。在电气自动化控制中应用人工智能,可以优化生产、流通以及交换的过程,实现生产自动化,在很大程度上减少了人力成本的投入,大大提高了工作效率。同时,也极大地促进了电气自动化行业的产业结构优化和升级。现在的社会对人工智能的运用越发广泛,电气工程自动化结合人工智能技术后效率得到了极大提升。

电气工程中电气设备的完善是非常关键的,这个过程涉及电路和电磁场的知识运用,这些知识在完善电气设备的工作中也是必备的。按照以前的产品设计方式大多是选择手工完成,手工的速度必然会降低效率,并不是很好

的方法。时至今日，社会的科技得到很大的发展，随着技术的提升，计算机技术也代替了手工的方式，计算机是以人工智能的方式提升了电气成果自动化的效率，这样电器产品的研发效率更快。不仅如此，电气工程自动化利用人工智能技术更是让CDR技术得到了很大的发展，对于设计领域而言这是巨大的福音，这将会同时提升产品的质量与生产的效率。

人工智能技术在电气工程自动化的应用对于电气产业是有着重大意义的，能够给电气产业带来极大效率。人工智能技术让电气工程在数据处理方面得到了巨大的效率提升，让数据处理变得更加快捷方便。不仅如此，人工智能技术的加入还能让监视和报警功能变得更加方便，监视电器装置的数据变化，一旦电器出现故障，报警功能就能够及时地给出警示。工作人员可以利用鼠标键盘对电气工程进行控制，及时解决故障问题。电气工程自动化利用人工智能的大量事实证明，人工智能技术对电气工程自动化的发展有着很大的帮助。

2. 人工智能技术在电气自动化控制中的应用现状

对于电气设备的设计是一项系统、复杂的工作，在设计过程中，不仅需要电路、电磁场的理论知识，还需要一些关于设计的经验性知识。在以前的设计过程中，电气产品的设计往往是采用简单的办法，根据积累的经验，依靠手工方式进行设计，但随着计算机技术的应用，电气产品的设计方式发生了变化，不再依靠传统的手工设计，而是依靠计算机技术进行设计，这样不仅可以大大减少设计和更新周期，而且能够很容易选出最优方案。人工智能技术在电气自动化控制中的应用，促使CAD技术获得了发展，很大程度上提高了产品的设计效率和产品的质量。

人工智能控制功能从愿望变成现实。具体表现在以下几个方面：第一，数据的采集和处理功能。这个功能可以实现对电气设备的开关量和模拟量的数据采集，并且在一定条件下，还可以实现对数据的处理以及储存。第二，系统运行监视以及时间报警功能。这个功能主要表现在不仅可以实现对电气系统的主要设备的模拟量数值的实时监视，还可以实现对设备的开关量状态进行有效的智能监视，它具有事故报警越限。同时会对状态发生变化的事件进行报警，对发生的事件进行顺序记录，对处理的事故进行自动处理和提示。此外，还具有声光、图像、电话报警等功能。第三，操作控制功能。电气系统的人工智能自动化控制借助键盘或者鼠标就可以实现控制断路器以及电动隔离开关，对励磁电流进行调整。电气系统的运行人员按照顺控程序就可以实现同期并网带负荷或停机操作。此外，电气系统为了适应各级系统运行值班的需要，还会限制运行人员的操作权限。第四，故障录波功能。这个功能主要表现在模拟量故障录波、顺序记录、对开关量的变位以及波形捕捉等。

3. 人工智能在直流传动中的运用

人工神经网络的应用模式识别以及信号的处理是人工智能电气自动化运用中的重要组成项目，而人工神经网络却在以上两种信号的识别以及处理中得到了广泛的应用。基于人工神经网络的一致性非线性函数估计器，可以有效地在电气传动的过程中进行准确的控制。而其之所以得到广泛的应用是因为本身具有不需要系统提供数学参考模型的特点，并且一致性较为精准、对噪声的出现并不是十分敏感。加之人工神经网络的组成机构属于并行机构，其内部有大量的传感器进行输入，为整个电气传动控制过程中各部位信息的有效摄取以及传递做好了基础，使其实际的工作状态掌控在人工神经网络的控制范围内，有效地减少了控制误差的出现，提高了电气自动化的使用效率。

人工神经网络中误差反向传播技术也是其在应用过程中运用的一种学习手段之一。假设现阶段的整个网络建设没有合理的、有效的、准确的隐藏层以及隐藏节点的话，那么现有的多层人工神经网络就必须实现需要的映射，但是在整个技术实施过程中却没有较为直接的隐藏技术以及激励函数为其提供选择。在这种情况下，反向穿破训练法就成了最快的下降法，使各个节点输出的各项误差值得以迅速进行网络反馈，对整个系统进行重新调整。在进行节点的调整过程中，整个过程可以通过使用方向传播技术，将系统需要的非线性函数的近似值进行计算，该数据的偏差与否对于整个网络特性具有较大影响。

4. 人工智能在交流传动中的应用

模糊逻辑的应用常规调节器在人工智能交流传动中的分析应用过程中，经常会被一种模糊控制器所取代，这种取代的过程以及取代后对整个电气自动化工作的分析就是模糊逻辑指引下所产生的。但是随着科学技术的不断发展,一种包含了多个模糊控制器的全新型全数字高性能传动系统应运而生,该系统在实际的工作过程中不仅仅可以将常规控制器中的 PI 以及 PID 电气自动化控制器予以取代,同时还可以在其他任务中得到应用,在进行感应电机磁通和力矩的控制过程中,模糊逻辑也得到了有效的使用,通过将输入变量进行变化,有效的验证了提出方案的有效性。在实际的工作过程中,通过模糊速度控制器与常规的 PI 速度控制器的结合,往往可以弥补在电气自动化控制中所产生的惯性以及负载转矩的扰动。

二、人工智能技术在电气工程自动化中的应用优势

人工智能技术对电气工程自动化效率的提升有着巨大的帮助。人工智能技术在电气工程自动化的运用中表现得非常出色,非常适合电气工程自动化,结合在一起能够发挥巨大的优势。人工智能不同于过去的控制器,它的控制上更加简单快捷,能够极大提高电气工程自动化的工作效率。更可贵的是,哪怕工作人员之前没有足够的操作经验,对电气工程的专业知识缺乏了解,也能够根据指导进行快速操作。

人工智能控制器能够灵活地根据电气工程自动化的变化而进行及时调整,提高自身的性能。过去的控制器相对人工智能控制器就显得麻烦,先要确定参数,然而电气工程的自动化控制中参数变化都是未知性的,依靠过去的控制器是无法准确确定的。智能控制器则不同,它能够高效、准确地掌握电气工程自动化的参数变化,比起传统的控制,人工智能控制器无疑要方便很多。过去的电气工程自动化工作会设计很多电气装置,这些装置太多,让电气工程操作变得很不方便,一旦这些装置发生故障,检修起来也是非常麻烦,需要耗费的时间精力实在是太多了。人工智能技术不同于传统的电气工程自动化,让电气工程的工作不再依赖过去这些电气装置,让电气工程自动化变得方便快捷,还节省了很多人力物力。

三、人工智能技术在电气自动化控制中的应用分析

1.人工智能技术在电气自动化设备中的应用分析

在电气自动化设备的运行过程中,电气化系统的运行是一个非常复杂的问题,它涉及很多学科和领域,对它的操作和控制要求必须具备很高的知识

储备和较高的素质。为了实现电气自动化设备的正常运行，人工智能技术就是一种很好的实现方式。它经过程序编写，运用计算机技术进行操作，可以实现电气设备的自动化运作，代替了人脑劳动，很大程度上减少了人力成本，同时利用人工智能技术，大大提高了工作的速度和精度。

2. 在电气控制过程中的人工智能技术应用分析

电气控制过程是整个电气自动化运作过程中最为重要的部分，如果在电气控制过程中实现自动化运作，在整个电气自动化运作过程中，将会极大地提高工作效率，降低工作的运作成本和人力成本。在电气自动化控制领域，人工智能技术的应用主要集中在对神经网络的控制、模糊控制和专家系统。以电气自动化控制中的模糊控制为例进行分析，模糊控制在电气传动中发挥作用主要是通过直流与交流传动实现，其中直流传动控制主要包括 Sugeno 和 Mamdani。在应用过程中，Mamdani 的主要作用是进行调速控制，Sugeno 则是 Mamdani 的一种例外情况；在交流传动中，人工智能的实现主要是通过模糊的控制器。

3. 在日常操作中人工智能技术的应用分析

电气行业和我们的生活紧密相关，如果电气运作过程出现故障，将会带来很大的损失。在传统的电气化领域，对于操作过程有着相当严格的要求，操作步骤也相当烦琐和复杂，操作过程会耗费很多的时间，并且稍有不慎便会出现差错，造成很大的损失。因此，为了保证电气自动化控制的有效运作，减少工作失误造成的损失，非常有必要简化烦琐的操作步骤，提高电气系统的运作效率。

4. 在事故和故障诊断中人工智能技术的应用分析

专家技术、神经网络控制和模糊理论等作为人工智能技术的重要部分，在电气故障和事故诊断方面有着极为重要的作用，特别是对发动机、变压器和发电机的故障处理等方面意义重大。在电气自动化控制领域，故障的出现频率是非常高的，出现故障的原因也不尽相同。在电气自动化设备中出现问题后，如果未能及时进行诊断或者是诊断不准确，都将会产生严重的损失。但是，在传统的诊断过程中，诊断方法比较烦琐、复杂并且准确率并不是很高。以变压器为例，变压器出现故障后，如果依靠传统的办法，那就是先收取变压器油产生的气体，然后对收集的气体进行分析，通过数据分析来判断变压器是否存在故障。在诊断过程中，这种方法不仅需要耗费大量的时间，而且还非常费力，诊断的过程也非常不便。此外，分析的是否准确也严重影响对故障的判断，如果分析失误，将会导致错误的诊断，带来严重的后果。而人工智能技术在电气事故和故障诊断中就可以很好地解决以上问题，并且在诊断的过程中，工作的速度和精度会大大提高。

第七章　电力系统中电气自动化技术应用

第一节　电力系统中的电气自动化技术

电气自动化是电气信息领域的一门新兴学科，由于与人们的日常生活和工业生产密切相关，发展非常迅速，现在也相对比较成熟，已经成为高新技术产业的重要组成部分，广泛应用于工业、农业、国防等领域，在国民经济中发挥着越来越重要的作用。从目前的实用研究来看，其影响力已伸向各行各业，小到一个开关的设计，大到宇航飞机的研究，都有其身影。简单来讲，电气自动化能够在系统运行、自动控制、信息处理、经济管理等领域进行应用，应用范围十分广泛。在目前的电力系统中，电气自动化技术的应用已经相当普遍，积极研究其在系统构成当中的位置以及未来发展，对于提升技术的应用价值和系统的实用效果有着突出意义。

一、电力系统自动化技术

1. 变电站自动化

在技术不断发展的过程中，电力自动化操作系统由理论变成了现实。从目前的实际情况来看，变电站已经实现了基本的自动化，而这种自动化取代了过去烦琐的人工操作，从而有效地节省了人力成本，并大幅度提高了变电站的工作效率，使得变电站的服务范围和监控能力有了提升。因为监控效果得到了强化，目前的变电站运行安全性得到了大范围提升。综合来讲，实现变电站的自动化之后，电气设备的全程监控效果明显加强，而计算机智能化的装置控制也实现了提升。计算机智能化装置在数字化、集成化和网络化方面有着突出的优势，因此，利用其优势实现了变电站整体的现代化、科技化和信息化。

2. 电网调度自动化

在电力系统中，电气自动化技术的应用还体现在电网调度自动化中。从目前的分析来看，电网调度的自动化主要包括中心计算机网络系统、服务站、工作站、显示器和打印机。在具体的应用中，利用系统专用的广域网可以对电网调度中的自动化设备进行有效连接。在具体连接中，包括电网调度控制中心、变电站以及发电厂的各类电气设备等。在整个电力运行的过程中，电力自动化的应用能够实现对电力数据的及时采集，也可以对电网运行的数据进行具体分析。电力自动化在系统状态估计和电力荷载的预测分析中有着重要的价值体现，因此，利用电网调度进行发电控制和自动控制对满足电力市场具体调控要求意义明显。

3. 发电厂分散测控系统

在电力系统中，电气自动化技术的应用还体现在发电厂分散测控系统上。在发电厂的控制中，过程控制系统有着重要的价值，而过程控制系统则由可冗余配置的智能软件和主控模件两部分构成。从具体的系统分析来看，PCU 是控制系统的核心构成部件，其能够在电力的网络中进行运用，所以可以利用其进行现场热电偶、开关量、电气量以及变送器等信息的接收工作。在数字化利用的过程中，能实现设备运行状态和运行参数的实时显示，无论是输入信息，还是输出信息都能够直接进行执行机构的驱动。在电力工程中，电气自动化技术的运用，能有效建立起发电厂分散测控系统，进而实现整个电力系统监测控制水平的提升。

二、变换器电路从低频到高频的发展

电力电子元件在技术不断发展的基础上实现了不断进步，而这种进步促成了变换器电路的更新换代，所以变换器在不断换代的同时实现了应用范围的扩大。从目前的应用来看，PWM 变换器在电力上有着广泛应用，而在具体的应用中，其表现出了三个方面的优势：一是有效地提高了功率因数；二是避免了高次谐波对电网的影响；三是有效解决了电动机在低频区的转矩脉动问题。虽然说 PWM 应用优势比较突出，但其应用中的电流和电压产生的谐波分量造成了电机绕组振动而产生的噪声。现如今，随着技术的不断发展，变换器电路从低频向高频发展，这种方向是一种主要的发展趋势。

三、电力系统自动化 IT 技术的利用

在目前的电力系统应用中，自动化 IT 技术有着广泛利用，以下从三个方面进行技术利用的探讨。

1. 电力一次设备智能化

在当前电力系统自动化技术 IT 利用中，表现最为明显的是电力一次设备的智能化。从目前的电力工程实践来看，一次设备的安装和二次设备的安装地点在选择时对距离有一定的要求，一般要求距离在几十米以上，在达到这样的要求之后，利用信号加强的电力电缆与大电流实现设备之间的控制。在技术具体利用时，要实现一次设备的智能化，需要进行相应的结构设计。而在结构设计时，需要将二次设备的安装也考虑在内。只有这样，二次设备电力信号的铺设和安装才能实现有效控制。就目前的 IT 技术具体利用来看，还存在着电磁干扰的情况，所以对电子部件的供电电源、电磁兼容等标准的考虑是关键。

2. 电力一次设备在线状态检测

在电力系统中，IT 技术利用的另一个方面是电力一次设备的在线状态检测。从具体的设备划分来看，变压器、压电机、断路器以及开关等都属于电力系统的一次设备。强化对这些设备的运行参数监控，能及时掌握设备的运行情况，而根据其运行状况可以准确判断出参数的变化趋势，在此情况下，设备的问题和故障预测会更加准确。目前，我国大力倡导以知识生产力为基础的发展，在这样的大环境下，企业与高校积极开展合作，可以实现电力设备技术的飞跃性发展，即在知识推动下，电力设备的发展在向高端化迈进。

3. 光电式电流互感器

光电式电流互感器是现阶段电力系统中自动化 IT 技术利用的代表。从目前的电力互感器应用来看，其是输电线路中重要的设备，因此，需要利用仪表测量输电线路上的高电压和大电流数值。在实际应用中，绝缘难度会随着电压等级的升高而变得更大，设备的质量和体积也会增大。此时，如果设

备的信号动态范围缩小,则电流互感器会出现饱和的现象,进而导致信号发生畸变,出现互感器信号输出、计算机计量和保护上的连接缺陷。虽然在最近几年的发展中,我国在光电式互感器的研究方面有所突破,但问题依然存在,所以进行进一步系统研究的价值较大。

第二节　电气自动化技术在电力系统中的应用

电力系统具有分布范围广、实时性强、自动化程度高等特点,电力系统自动化是一门科技含量高、涉及专业范围广、技术性较强,对制造、安装、运行和管理工作要求标准非常高的专业。

一、电网调度自动化

电力行业是国民经济的大动脉,中国目前的电力需求缺口较大,电力需求在相当长时间内保持高速增长。采用先进高效的生产管理实现电力系统的全行业的遥控、遥测、遥调、遥信和遥视等"五遥"管理,确保电网的长期高效安全运营成为电力领域的一大课题。调度自动化系统已经成为保证现代化大电网安全、稳定、经济运行不可缺少的重要技术手段。所谓电网调度自动化系统是以数据采集和监控系统(SCADA)为基础,包括自动发电控制(AGC)和经济调度运行(EDC)、电网静态安全分析(CSA)、调度员培训仿真(DTS)以及配电网自动化(DA)等在内的能源管理系统(EMS)组成。它收集、处理电网运行实时信息,通过人机联系电网运行状况,集中而有选择地显示出来进行监控,并完成经济调度和安全分析等功能,主要作用是进行电力系统的安全监控、提高系统的运行水平、经济运行参数的辅助计算、报表自动打印等。电网调度自动化系统的主要设备有远动终端装置(CRTU)、通信设备、调度主机(微机系统)等。

二、发展过程

我国电网调度自动化系统的发展大致经历了20世纪70年代的起步、20

世纪 80 年代的大发展和 20 世纪 90 年代的成熟等几个阶段。

1. 20 世纪 70 年代起步阶段

20 世纪 70 年代，随着电子计算机的推广应用，我国大多数地区才逐渐开展电网调度自动化工作。计算机在电网中首先应用于数值计算；随后，华北、华东、东北三大电网开始了计算机的安全监控。1978 年 8 月，我国第一个全国产化的电网计算机监视系统 SD-176 在东北电网投入运行。该系统投运后取得了良好的效果，其他一些电网也相继开展了计算机电网监视工作，全国电网调度自动化从此出现了发展的新局面。到 20 世纪 80 年代初期，全国已有 25 个网点，省调、地调不同程度地实现了信息收集、自动显示、故障报警、制表打印等功能。

2. 20 世纪 80 年代大发展

20 世纪 80 年代，是我国电力工业的大发展时期。10 年中，我国电力装机和年发电量实现翻番，形成和发展了华北、华东、华中、东北和西北五大电网，330kV 及以上输电线路增长近 10 倍，并建成了全长逾 1 000km 的葛洲坝—上海的 500kV 直流输电线路，实现了华中、华东两大电网的互联。同时我国电力系统进入了大机组、大电网、超高压时代。电力工业的飞速发展，电网结构的复杂化，对电网调度自动化提出了更高、更迫切的要求。为了适应电力事业飞速发展对远动及自动化技术的需要，迅速改变我国相对落后的局面，电力系统相继引进了一些国外先进的远动和自动化设备及系统，如能源部引进了日本日立系统、湖北省调引进了瑞典 ASEA 系统、安徽省调引进了 BBC 系统、云南省调引进了 SCI 系统等，其中尤其引人注目的是华北、华东、东北、华中四大电网调度自动化引进系统。这些系统及设备的引进，一方面满足了当时电力生产的急需，缩短了我国电力调度自动化与世界先进国家的距离；另一方面也为我们提供了可贵的借鉴，促进和推动了国内远动和调度自动化技术的发展和进步。

3. 20 世纪 90 年代成熟期

20 世纪 90 年代，国际上采用的是开放的分布式调度自动化系统。在应用上，我国国调中心、西北网调及湖南、福建等省调分别引进了 Siemens、CAE、ABB、Valmet 等公司的开放式调度自动化系统。与此同时，国内电力科学研究院、电力自动化研究院等单位也开发了开放式调度自动化系统，并且在一些地区投入运行，取得了良好的效果。为了实现各级调度自动化之间的信息交换，中国电力数据通信网于1997年开通，实现了国调和网调、省调一级网互联，部分网调与省调建立了二级网互联，少数地区实现了三级网互联；1998年，中国电力信息网开通。同时，国调的数据网已连接国际互联网（Internet），与各网局、大多数省局开通了电子邮件等多项服务。各大区电力系统及一部分省级和地区电力系统也进行了电力系统调度的控制自动化的研究和实践，不同程度地实现了信息的收集、传输、处理、显示、打印等功能。1990年前后，所有大区、省级及50个地区电力系统的调度都实现了不同程度的计算机监视和控制；2000年以后，全国各级调度都根据各自功能的要求，建立了自动化调度系统，上下级调度间实现计算机通信网络，组成了一个分层控制的调度系统。

三、发展现状

历经近半个世纪的发展，我国电网调度自动化有了很大的进步，无论在理论还是在实践上都取得了可喜的成就，为我国电力事业的发展尤其是电力系统自动化的发展作出了重大贡献。电网调度自动化系统已名副其实地成为现代电网安全稳定运行的三大支柱之一。

目前我国110kV以上变电站、大中型发电厂及相当一部分35kV变电站、小型发电厂都不同规模地拥有远动及自动化系统。值得可喜的是，我国已拥有一大批高素质电力系统运动和自动化专业人才，形成了以高等院校、科研院所及企业为主体的科研队伍，涌现出了一批在科研和生产上都具相当实力的企业。我国电力系统设有5级调度所，即国家级总调度、大电网级调度、省级电网调度、地区级电网调度和县级电网调度，统一指挥电网的正常运行及事故处理等工作。通过对发电、输电和供电的控制以协调整个电力系统的运行，保证供电质量，尽量降低能源消耗，实现安全、优质和经济的运行。

从总体上看，我国省级及以上电网调度已初步实现了由经验型向分析型的过渡，电网调度自动化系统的总体应用水平已接近国际先进水平。国内开发的 ADA/ELVIS 系统已在省级及以上调度中得到了广泛采用与更新。截止到2003年6月，全国省级及以上电网中，有31家投入了 AGC 功能，其中有 30 家通过了实用化验收，有 33 家投入了 EMS 应用软件基本功能，其中 28 家通过了实用验收。同时，自动电压控制（AVC）功能在安徽、福建等省级电网中获得了初步应用，取得了较好的效果。

与此同时，我国地区电网调度自动化系统的应用水平也有了较大的提高，据统计，全国现有 320 多个地调，有 31 个配备了计算机监控系统，其中有 302 个通过了实用化验收；有 227 个投入了状态估计、调度员潮流、负荷预测等应用功能，其中，有 116 个在实际中取得了较好的应用，通过了所属网、省调组织的实用验收。另外，调度员培训模拟（DTS）系统已在 29 家网、省调建成，约有 20 家取得较好成效；电能量计量（TMR）系统在全国省级及以上电网公司相继建成；国家电力调度数据网络（SPDnet）骨干网的建设也取得了实质性进展，该网络的建成和投运将大大改善现有调度数据网络的传输质量，拓展网络的应用范围，为提高全国电网调度自动化系统运行的可靠性、适应下一步电力市场运营的相关要求奠定了坚实的基础。随着调度机构创一流工作的稳步开展，调度生产管理信息系统（DMIS）在全国网、省电网调度机构的建设与应用水平普遍提高，在提高调度机构现代化管理水平方面发挥了重要的作用。

以水调自动化的建设和应用为例，到 2003 年 6 月 30 日，全国水电资源丰富的网、省公司，除江西、四川外，均已建成了水调自动化系统，且华中、东北、福建 3 家水调自动化系统已经通过了国调中心组织的实用化验收。另外，国调水调自动化系统二期目前已能够接入西北、东北、华中、福建等网、省调和三峡梯调中心转发的信息。上述网、省调水调自动化系统的相继建成和投运，实现了所属电网水情数据的自动采集、监视、处理和分析等基本功能，在保障水电站防洪安全、及时掌握和预测水情信息（特别是流域、梯级水情信息）、合理使用水能、减少弃水损失、增发水电、优化资源配置、提高电网整体经济效益等方面发挥了重要作用，也取得了较好的经济和社会效益。

四、发展趋势

我国电力系统目前正处于高速发展时期，一个超大规模的全国互联电网正在出现。而联网后的一次电能系统的安全经济运行需要电力调度自动化系统与之适应。但由于多区域互联运行，电网跨越地域广阔，信息分散管理和利用分层，这些新情况都给电网调度自动化系统提出了大量新问题和新需求。另外，由于互联电网规模巨大，出现了诸如超低频振荡等新的稳定问题，需要电网调度自动化系统提供新的手段进行监测。

我国电网调度自动化系统的发展呈现出如下几个发展趋势：

（1）研制和开发新一代适合多种应用的、开放的调度自动化系统支撑平台。积极采用先进的计算机技术和数据库、网络通信、图形、Web、事务处理、安全加密、多媒体等技术，以及 API 接口标准、通信协议标准；研制和开发能够方便支持 EMS、TMR、水调自动化、继电保护管理、实时动态监测、雷电定位监测以及电力市场技术支持等相关系统和功能应用；符合二次系统安全防护要求的新一代开放的调度自动化系统支撑平台，降低系统的硬、软件投资和开发、维护的工作量。进一步加强 CPSl、CPS2 评价标准的研究，积极推进该标准在我国的实际应用；加强 DMIS 整体设计与应用的研究。对现有 DMIS 建设、应用的成果与存在的问题进行认真分析、总结，进一步规范调度机构相关专业的工作流程和各系统的信息流向，充分重视系统整合、信息共享与挖掘，积极促进调度机构的信息化和管理的现代化。

（2）建立较为完善的二次系统安全防护体系。在实现调度机构安全防护第一阶段工作目标——生产控制区与生产管理区的横向物理隔离的基础上，逐步实现生产控制区和生产管理区纵向间的安全防护，初步建立起较为完善的二次系统安全防护体系。

（3）探索电网调度自动化系统运行维护的新机制、新方法。认真分析研究调度自动化系统内涵与外延的变化对其管理机制与管理方式的影响，把关好系统的设计、选型和建设；积极采用先进的技术手段和管理方式来减轻运行值班的工作量，提高工作效率和工作质量；探索与生产厂家签订有关维护合同的方式，缓解自动化部门任务重、人员不足的矛盾；积极开展调度自动化系统实现无人值班方式的研究；建立适应电力体制改革新形势下的调度自动化专业管理体制。应加强对"厂网分开""网网分开"后各主体间利益关系的研究，积极探索建立一种既能符合电网运行客观规律，又能充分考虑各主体自身利益的新的管理机制和管理方式。

第三节 电气自动化技术在电力系统的应用实例

一、火电站自动化

1. 发展过程

建国初期开始，我国火电站经历了劳动密集型、仪表密集型和信息密集型三个主要的发展阶段。

（1）劳动密集型阶段

20世纪50年代初，我国的电力事业在十分困难的情况下起步。1952年，中华人民共和国成立后的第一台25MW火力发电机组在辽宁阜新发电厂投产发电。当时，火电厂的单机容量很小，机组几乎完全靠人工操作来运行，操作工人分布在电厂工艺设备的附近，依靠简单的机械式仪表来控制生产过程。由于当时的主设备相对容积较大，子系统之间的耦合协调度较弱，协调控制的要求不甚强烈，电厂自动化近乎空白。从工业自动化的发展进程来看，当时的火电厂处于劳动密集型阶段。

（2）仪表密集型阶段

20世纪60至70年代，我国的电力工业进入高速发展阶段，这一时期投产的主力机组容量一般为50~100MW。由于主设备容量不断增加，工艺系统进一步强化，生产过程的相对容积逐渐减小，子系统之间的耦合进一步加剧，协调控制的要求日益强烈，因而出现了集中控制方式。在集控室内，操作员主要通过各种显示仪表，一边记录仪表和操作设备，一边对生产过程进行监视和控制。这时，仅有极少数控制回路，例如，锅炉给水控制实现了自动化。在机组启动、停止和事故处理过程中，必须依靠大量就地人员的手动操作，机组的自动化水平仍然很低。这时的火电厂处于仪表密集型阶段。

（3）信息密集型阶段

进入20世纪80年代以后，中国走上了改革开放之路，相继由国外引进了300MW和600MW机组的制造技术，以及相应的分散控制系统。仅1985

年，我国就在四个工程项目中由国外引进了 8 套 350MW 发电机组，同时也引进了与其配套的分散控制系统以及其他自动化设备。1988 年，由日本 Mitsubishi 公司引进的 MIDAS-8000 分散控制系统和由美国 Bailey 公司引进的 N-90 分散控制系统先后投运成功。

　　大型火力发电机组的出现，导致生产过程的进一步强化，机炉系统之间的耦合更加强烈，协调控制势在必行。分散控制系统的应用，显著地提高了自动控制系统的可靠性、可维修性和可用率，单元机组的大多数控制回路实现了自动化。然而，在分散控制系统的应用初期，人们对于它的认识尚有一定的局限性，在应用分散控制系统的同时，保留了大量的常规仪表和操作设备，分散控制系统仅仅成了传统控制系统的替代品。自 90 年代初，我国火电厂自动化进入了飞速发展阶段。分散控制系统的广泛应用，使人们对它的认识逐渐深化。常规仪表和手操设备逐渐减少到原来的 30%~50%，它们主要用于分散控制系统未投入运行之前的系统试验和试运行。

　　20 世纪 90 年代中期，随着分散控制系统在工程设计、组织、管理和施工方面的不断完善，分散控制系统已经能够与单元机组主设备同步安装，并提前调试与投运。这就为主设备安装后的试验和试运行提供了条件，除了 6~10 个紧急停机按钮外，常规仪表和手操设备几乎已经绝迹。许多电厂的自动控制系统投入率达到了 100。单从这一点来看，我们的自动化水平似乎已经接近或者达到了世界先进水平。然而，电厂的运行管理与决策自动化还几乎是空白，与发达国家的差距仍然很大。在这一阶段，计算机技术广泛地应用于生产过程的监视与控制，来自现场的大量数据在计算机中进行运算和处理，形成了操作员所需要的各种信息。这些信息以 CRT 画面、图像或文本的形式，而不是以仪表读数的形式提供给操作人员，这时的电厂已经进入了信息密集型阶段。

2. 新技术新工艺的应用

　　近几年来，自动化技术的发展可以说是日新月异，新的科技成果不断涌现。总结起来，自动化新技术在火电厂的应用，主要体现在以下几个方面。

（1）自动检测技术

　　目前，火电厂大型锅炉的单个燃烧器容量都非常大，因此，能否正确检测燃烧器火焰，将直接影响炉膛安全监控系统（FSSS）动作的可靠性。为了防止锅炉爆燃事故的发生，必须对炉膛内的火焰进行切实有效的检测。普通光学检测器（如紫外光火焰检测器、可见光火焰检测器和红外光火焰检测器）仅依靠一个光敏元件收集火焰特征区的平均光强，所获信息量的局限性经常导致作为前景的火焰和背景无法有效分辨。普通光学检测器探头的视野范围很小，在火焰波动较大（锅炉低负荷运行）时会产生误报导致炉膛灭火。因此，火焰图像检测器将取代普通光学检测器，这是锅炉火焰检测系统发展的新动向。目前，国外的火焰图像检测器产品主要有日本三菱公司的 DPTIS 型和芬兰公司的 DIMAC 型。国内的几家科研单位也相继推出了火焰图像检测器的产品，并已在多台国产燃煤机组上运行，基本上实现了无误报，而且提高了报警速度。

半导体光纤温度计是利用半导体材料的光吸收，随着温度的变化而变化的原理测温的。例如，当温度升高时，透过半导体材料的光能减小，用光电元件来测量光能的这一变化，即可获得被测量的温度值。半导体光纤温度计主要应用在超高压变压器热点温度的直接测量上，这种测量对变压器的安全经济运行和使用寿命有着决定性的作用。变压器线圈最热点的绝缘会因为过热而老化，轻则变压器损坏，重则酿成重大事故。反之，若线圈最热点的温度过低，变压器的能力就没得到充分利用，降低了经济效益。因此，为了使变压器处于最佳运行状态，对其热点温度的测量是十分必要的。过去由于高电压的隔离问题不能得到很好解决，所以直接测量很困难。而再采用半导体光纤温度计后，可以进行远距离遥测，隔离问题得到了很好的解决。

火电厂汽轮发电机组的转速是 3 000r/min，它是一个决定电网频率稳定与否的重要参数。由于电信号及其信号传输线路容易受发电机强电磁场的干扰，采用常规的电和磁的测量方法，仪表不能正常工作。使用光纤测量转速就不存在这一问题，光纤转速表由传感器、光纤光路和信号处理装置三部分组成。例如，在汽轮发电机转轴上固定一个测速齿轮盘，齿轮盘的边缘有 60 个齿，齿轮盘每转动一圈，就产生 60 个光脉冲，这些光脉冲经光纤传送给信号处理装置，后者将光脉冲转换成电脉冲，然后将电脉冲送给数字频率计。由于光纤不受电磁场干扰，从而保证了转速表的可靠性。

软测量技术是从能够测量的数据来推断出不能测量的数据信息的软件技术。仪表技术已经历了模拟仪表、电子仪表、数字仪表、智能仪表和软仪表五个发展阶段，其中软测量就是软仪表，它是目前仪表技术发展的最高阶段。火电厂对锅炉烟气含氧量的检测和控制，都要求氧量计具有准确、稳定、响应迅速和经久耐用等基本性能。然而，目前在火电厂广泛使用的热磁性氧量计和氧化锆氧量计的性能还不能满足上述要求。因此，对烟气含氧量软测量的研究正在进行。在火电厂锅炉烟气含氧量软测量模型中，可选择主蒸汽流量、给水流量、燃料量、排烟温度、送风量、送风机电流、引风量、引风机电流等工艺参数，作为软测量模型的输入，由这些输入通过模型来估算或推断烟气含氧量，以供监视和控制之用。

（2）自动控制技术

火电厂有些热工控制对象的数学模型是很复杂的，而且很难测量准确，若继续沿用经典和现代控制理论往往很难奏效，这就促使人们不得不去探索智能控制。其中，模糊控制是模仿人的控制过程，与传统控制相比，模糊控制具有实时性好、超调量小、抗干扰能力和适应能力强、稳态误差小等特点。模糊控制基于模糊控制理论，它包含了人的控制经验和知识，因此，它属于智能控制范畴。在我国火电厂中，模糊控制已经取得了很多的应用业绩。在协调控制系统、锅炉燃烧控制系统、过热蒸汽温度控制系统、再热蒸汽温度控制系统、中储式磨煤机控制系统、汽轮机控制系统和循环流化床锅炉燃烧控制系统中，均有模糊控制的成功应用实例。

专家系统是利用具有相当数量的权威性知识来解决特定领域中实际问题的计算机程序系统，根据用户提供的数据、信息和事实，运用系统中存储的专家经验或知识进行推理判断，最后得出结论及结论的可信度，以供用户决策之用。工业发达国家的电力公司已经研制出火电厂故障诊断专家系统，例如，美国的一家火电厂进行了专家系统应用实验，该专家系统仅用几秒钟的时间就正确诊断出造成这家火电厂停机事故的原因，而该火电厂的专家们经过了好几天的讨论，竟然还未找到正确诊断故障的思路。由此可见，专家系统已经明显地超过了人类专家的能力。专家系统在国内火电厂的应用研究也已经开始，现在已经开发出了火电厂水汽循环故障诊断系统、火电机组运行指导专家系统和大型转动机械（汽轮机）故障诊断系统。专家系统可以不知疲倦地工作，它不像人那样容易受到周围环境的影响，它也不受时间和地点的限制。因此，专家系统一经推出，就受到现场人员的欢迎，它是火电厂热工自动化发展的一个重要方向。

　　火电厂是高度重视安全生产的企业之一，控制系统一旦投入运行，是不允许无关人员随便乱动的。因此，对控制系统的分析研究和自动化人员生产技能的培训只能在仿真控制系统上进行。以往的仿真控制系统主要是物理和半物理仿真，但是建立这样的仿真控制系统投资大，安装和维护费用也大。尤其是自动化仪表发展如此之快，使这些仿真控制系统不得不进行设备的更新改造，其经济损失是显而易见的。在火电厂中，DEH（汽轮机数字电液控制系统）是汽轮机运转的神经中枢，该系统性能只能通过动态过程才能反映出来。为此，利用MATLAB仿真工具和VB开发界面，建立DEH仿真平台，在不干扰生产的情况下，对DEH系统动态过程进行分析研究，从而避免了对系统参数调整的问题，使DEH系统各部分的动态过程完整地呈现出来。这对DEH系统优化运行中参数的确定、修改起到了预测和指导作用。实践证明，利用MATLAB对自动控制系统进行仿真，具有安全、可靠、节省人力、物力和财力等优点，它为加快大型火电机组热工自动控制系统的调试速度，提高火电厂热工自动控制系统的投入率，又提供了一个新的方法和手段。

　　目前，国内火电厂中有大量的6kV风机和水泵需要进行节能改造，而节能改造最有效的技术手段就是采用高压变频器。高压变频器在国内还没有合适的产品，而在国外，工业发达国家的高压变频器技术已趋于成熟，已推出了一系列高压变频器产品。例如，美国GE公司的InnovationMV，AB公司的1157MV，罗宾康公司的Harmony，RossHill公司的VFD；欧洲西门子公司的SIMOVERTMV，ABB公司的ACS1000，ANSALOD公司的VFD；日本FUJI公司的FRENIC4600FM4。这些高压变频器已开始在我国火电厂的高压电动机上应用，例如，送风机、引风机、给水泵、循环水泵和灰浆泵上都有成功的应用，收到了显著的经济效益。

　　（3）顺序控制

　　顺序控制是指根据预先拟订的步骤、条件或时间，对生产过程中的机组设备和系统自动的依次进行一系列操作，以改变设备和系统的工作状态（如风机的启停、阀门的开关等）。顺序控制是火电厂热工自动化的一个重要方面，在大型火电机组上采用的顺序控制系统主要是FSSS。此外，顺序控制还广泛地应用于机组的辅机（如磨煤机、给煤机等）及其辅助设备（如润滑油泵、挡板、风门)启动停止操作的控制和保护上。

在 PLC 问世以前,继电器在顺序控制系统中占主导地位。这种由继电器构成的控制系统存在体积大、耗电多、寿命短、可靠性差、运行速度低等明显的缺点。尤其是对生产工艺多变的系统适应性更差,如果生产任务或生产工艺发生变化就必须重新设计,并改变硬件结构,造成了时间和资金的严重浪费。而用 PLC 替换继电器后,使顺序控制系统不但体积小、功能强、设计简单、灵活通用、维护方便,而且具有高可靠性和较强的适应恶劣环境的能力。正因为 PLC 具有如此优点,使得用 PLC 替换继电器的改造工程在火电厂不断地展开。目前,在火电厂成功应用 PLC 实现的顺序控制系统,主要有锅炉补给水处理顺序控制系统、锅炉吹灰顺序控制系统、锅炉定期排污顺序控制系统、输煤顺序控制系统、汽轮机跳闸保护控制系统、磨煤机启停控制系统、给煤机启停控制系统、给水泵启停控制系统和凝汽器胶球清洗顺序控制系统等。随着 PLC 控制技术的不断进步,PLC 在火电厂的应用还将继续增多。

(4)自动监视与信号

随着 UCS 可靠性的增加,火电厂单元控制室已经开始采用大屏幕替换 BTG(锅炉—汽轮机—发电机)控制盘。由于 CRT 屏幕面积较小,它显示给运行值班人员的只是过程的一部分信息,运行值班人员必须频繁地调出各个变量的显示画面,来观察过程的每个部分,当画面显示不完善或运行值班人员稍有疏忽时,就可能引起误判。如果运行值班人员长期监视 CRT,还易造成视觉疲劳,导致注意力下降,影响机组的安全与经济运行。因此,大屏幕技术将会在火电厂得到广泛的应用。

当人机接口使用语音、摄像、动画这些资源时,就可以为运行值班人员提供大量的后备支持手段。语音是多媒体功能的扩展,可以用于报警提示和指导。在报警信息产生时,及时用语音提醒有关人员以保证运行值班人员尽快采取措施,控制事态发展。语音报警软件现已在火电厂成功投运,它在提高运行质量方面的作用已经得到公认,尤其是机组在夜间运行时,其重要性更为突出。摄像功能可以使人机接口站切入工业电视摄到的镜头,使运行值班人员能看到现场,动画和位图的使用可以使运行值班人员形象地理解或体会现场发生的情况。因此,应用多媒体技术能切实提高运行操作与故障处理质量。目前，在新近投产的大型火力发电机组中，运行值班人员在单元控制室，通过大屏幕、CRT和鼠标操作，即可实现对机组启停和正常的监视与控制，自动监视水平又有了很大提高。

3. 发展趋势

厂网分开、竞价上网，用户选择电厂是市场经济发展的必然趋势。面对电厂走向市场的严峻形势，电力设计的任务不再仅仅是设计一个技术先进或造价低廉的电厂，而应当是设计一个面向市场、具有竞争力的电厂。因此，电厂自动化设计必须有新的思路和新的突破。

（1）进一步扩大DCS的应用范围

为了使机炉电单元控制水平和单元控制室布置更加协调，真正过渡到机炉电统一操作，实施单元机组集控值班，把DCS的应用范围扩大到发电机—变压器组和厂用电系统的控制，是合乎逻辑的发展。国家电力公司热工自动化领导小组已决定将加速电气控制纳入DCS的试点和推广应用的步伐；在扩大DCS应用范围时，尽管用DCS实现DEH、MEH、AVR、ASS及电气保护等功能，在技术上是不存在困难的，但考虑到这些系统对机组安全运行的关键作用，以及传统上是随主机成套的现实情况，目前仍采用专用装置为宜，但应妥善解决与DCS的接口问题。鉴于DCS正向开放系统发展，DCS与PLC正在相互渗透，两者的互联问题已不再突出，这为在单元控制室实现电厂辅助生产系统监控，减少辅助生产系统控制点创造了条件。

（2）进一步提高DCS的功能

随着微电子技术的发展，DCS分散处理单元（控制器）的存储能力、运算速度成倍提高，能完成更复杂的数值和逻辑运算，DCS正被赋予越来越强大的能力。近年来，国外在DCS应用领域里，主要在以下几个方面有所进展：扩充了标准控制模块（算法）库，特别是增加了先进控制模块；开发了许多专用的先进控制软件和优化软件；开发了许多机组性能诊断和性能优化软件，等等。

为了提高我国电厂DCS的应用水平，我们应当加大应用软件开发的力度。首先，充分挖掘DCS的潜力，充分利用DCS所提供的控制模块（算法），设计出完善、先进的控制逻辑，并适当引进国外先进控制和优化软件，组织消化吸收，以便洋为中用。对于国内已经开发成功的应用软件，应适当创造条件在实际工程中加以采用，以加速产业化。

（3）关于 DCS 采用物理分散布置和现场总线技术

20 世纪 80 年代中期，物理分散曾作为 DCS 的主要优点被大肆渲染过，但在我国大多数火电厂并未采纳物理上全分散的方案或仅采用了部分远程 I/O。原因是 DCS 制造厂和电厂都希望电子设备能在较好的环境下工作，电厂考虑检修调试方便，都不愿意承担物理分散带来的风险。如今，减少电缆费用，从而降低工程造价的呼声越来越高，加上 DCS 硬件可靠性和环境承受能力不断提高，系统通信技术不断发展，DCS 硬件物理分散布置方案又成了人们关注的热点。但是 DCS 物理分散方案不应当一哄而上，应当对当前 DCS 在电厂应用情况和 DCS 硬件对环境的要求，作深入调查之后逐步实施。目前，可以首先扩大远程 I/O 的使用范围。大多数 DCS 远程 I/O 模块的工作环境温度为 0~500℃（个别系统可达 0~600℃或 0~700℃）。各 DCS 远程 I/O 柜防护等级也不尽相同，因此，远程 I/O 的安装地点应在设计中精心地选择，既要尽可能接近测点或被控设备，又要有较好的环境条件，必要时机柜应当加装空调或通风设施。另外，可将电子设备室分成几个，将控制器（或分散处理单元）分散布置，以达到减少电缆的目的。

DCS 物理分散方案，可以同现场总线技术的应用密切结合。现场总线是用于现场仪表设备（智能型，带通信接口）与控制器之间的一种开放的、全数字化、双向的通信系统。采用现场总线技术，可以提高系统精度，改善控制品质，简化控制系统机柜，大量减少电缆，便于调试和维修。现场总线技术的关键是制定国际现场总线通信技术标准，按照标准生产各种自动化产品，如传感器、执行器、驱动装置及控制软件等。但由于种种技术和商业上的复杂因素，现场总线的国际标准至今没有出台，而处于众多现场总线标准并存的局面。但是由于现场总线技术的优越性，现场总线产品的开发和现场总线技术的应用依然取得了很大的进展。

目前世界上现场总线有 40 多种，影响较大或应用业绩较多的有：FF（Field bus Fundation）、PROFIBUS、WorldFIP、LONWORKS、CAN。其中，PROFIBUS 已经成为德国国家标准和欧洲标准，支持该标准的产品已有 1 500 种（包括芯片、软件、测试工具），在市场上占有较大份额。PROFIBUS 在我国火电厂也有应用实例，主要是用于连接远程 I/O 和电厂辅助生产系统中的 PLC。由于现场智能化仪表价格较高，现场总线技术在电厂使用业绩较小，现场总线技术在我国火电厂中的推广应用尚需时日。但是，现场总线技术的出现，给自动化仪表领域带来了又一次革命，基于现场总线的控制系统在不久的将来必将取代传统的 DCS。因此，我们也要积极跟踪现场总线技术的发展，有步骤地在火电厂中加以应用。

（4）加速电厂管理自动化的进程，提高电厂综合自动化水平

目前电厂自动化设计主要针对电厂工艺过程的控制和监视，即过程自动化，这无疑是十分重要的。电力买方市场的形成，要求不仅能保证电厂安全满发，还应当千方百计降低运行和维护费用，缩短检修时间，提高设备使用寿命，合理利用电厂资源，因此，电厂管理自动化水平必须大力提高。近年来，许多电厂自行增加了 MIS 或电厂管理系统，实现实时信息、档案资料、设备维修、财务、人事管理以及办公室自动化。由于 MIS 是在投产后添加的，其同已有控制系统的接口难以做到完善和规范。为了适应工厂管理自动化的要求，国外不少 DCS 厂家已经开发了许多 MIS 功能软件，如 Siemens 公司的电厂管理软件 BF++，Bailey-Hartmann-Braun 公司的 ContronicMPMS，已在许多电厂中得到应用。许多 DCS 在系统总体结构上也增加了电厂管理层，以实现与 MIS 的无缝连接，这些都为实现电厂 MIS 功能创造了条件。因此，应将 MIS 纳入电厂自动化设计范围，综合考虑电厂过程自动化和电厂管理自动化，并引进和开发电厂性能优化软件、设备管理软件以使电厂管理水平有实质的改善。另外，为适应电厂竞价上网的要求，电网的负荷调度将从 EMS 直接控制机组转变为控制电厂，由电厂按各机组的运行情况分配负荷，完成电厂负荷经济分配任务。这也是应当认真研究的课题。

二、水电站自动化

水电站自动化是一门涉及控制技术、测量技术以及计算机等多方面理论的综合性科学技术，近年来受到了较广泛的重视，取得了迅速发展。但总体而言，我国水电站自动化水平还有待提高。随着水电"无人值班"（少人值守）和状态检修工作的不断深入开展，对水电站的生产运行和管理提出了更高的要求；同时以"厂网分开、竞价上网"为基础的电力体制的改革也对水电站自动化技术提出了新的要求。计算机技术、信息技术、网络技术的

飞速发展，给水电站自动化系统无论在结构上还是在功能上，都提供了一个广阔的发展舞台。水电站自动化也必须适应新的形势需要，发展成为一个集计算机、控制、通信、网络、电力电子为一体的综合系统，具备完备的硬件结构，开放的软件平台和强大的应用系统。不仅要完成对单个电厂的自动化，还要进一步实现对梯级、流域，甚至跨流域的水电站群的经济运行和安全监控。

1. *发展过程*

我国水电站计算机监控技术经历了从摸索、试点、推广到提高四个发展阶段。

我国从20世纪70年代开始对计算机在水电站的应用进行了不懈的探索。1979年3月，水电部在古田水电站召开的全国水电站自动化经验交流会上制定了"六五"期间水电站自动化采用计算机的发展规划，安设了不同类型水电站的计算机监控系统试点项目。通过这些试点工程项目取得的应用成果，充分体现了计算机技术应用于水电站自动化监控系统中的优越性和可用性，并且在试点工程中初步形成使用推广模式，使科研试点迅速走上实用推广阶段。1985年10月，水电部科技司、生产司、水电规划总院在南京举行"全国水电站自动化技术总结和规划落实"工作会议，又规划了33个水电站实现无人（或少人）值班试点。1993年5月，电力部科技司、生产安全协调司会同水电规划设计总院、中国电力企业联合会在成都召开了全国水电站计算机监控工作会议。会上总结了前10年计算机监控系统在水电站的应用经验，并指定"八五"及2000年水电站监控系统推广应用规划。成都会议后，又有一批大、中型电站计算机监控系统全部或部分投入运行使用，其中既有老厂改造，也有随新厂基建同步投入的项目。改革开放以来，一些水电站从国外引进了一批监控系统，通过引进、消化、吸收，使我们对国际水平、世界潮流、国内的优势及差距都有了更深的了解。

经过多年孜孜不倦的努力，我国水电站计算机监控技术已经有了很大的发展，不但国内已有近40多个水电站计算机监控系统投入运行，而且在技术水平、实用程度上已达到国外先进水平，有的方面甚至超过了国际先进水平。

虽然我国水电计算机监控系统的发展速度惊人，但是我国现有200多座电站，已有的监控系统只占总数的四分之一。从目前国内水电站计算机监控系统的应用情况来看，中、小型水电站采用计算机监控系统的情况还较少；对监控系统的整体可靠性设计重视不够，尤其是在当基础自动化元件选择不当时，将严重影响系统的性能；系统的开放性不够，给系统的功能扩展带来了不便。因此，研究和开发性能优良、功能完善、工作可靠、价格适宜、使用方便的水电站计算机监控系统，以适应水电站的发展需要，实现对梯级水电站的远方集中控制，具有深远的现实意义。

2. 自动化系统

水电站自动化系统必须具备完备的硬件结构，开放的软件平台和强大的应用系统。

（1）系统结构

硬件系统结构方面，目前水电站监控系统的结构基本上以面向网络为基础，系统级设备大多采用以太网或光纤环网等通用网络设备连接高性能的微机、工作站、服务器，在被控设备现场则较多地采用PLC或智能现场控制单元，再通过现场总线与基础层的智能I/O设备、智能仪表、远程I/O等相连接构成现地控制子系统，并与厂级系统结合形成整个控制系统。随着安全生产、经济管理、电力市场等功能的扩展，对计算机系统的能力也提出了更高的要求，在系统级设备中64位的工作站、服务器的选用已是绝大多数系统的必然选择。同时，高速交换式以太网技术的发展克服了以往低速以太网在实时应用上的不足，因其更具开放性的标准、众多生产厂商的支持，使其无论是在设备的选购、产品的更换、产品的价格、硬软件的可移植性等诸多方面都比其他网络产品有着明显的甚至是无法替代的优势。对于现地控制单元，智能控制器加上现场总线技术是一个很好的发展趋势，它具有系统开放性、互可操作性与可用性、现场设备的智能化与功能自治性、系统结构的高度分散性、对现场环境的适应性的技术特点。

机组容量变大、控制信息量增多、控制任务功能增加、控制负荷加重、网络通信故障都会造成现地控制单元控制能力的降低。针对水电站被控对象分散的特点采用现场总线将分散在现场的智能仪表、智能I/O、智能执行机构、智能变送器、智能控制器连接成一体，正好体现了分散控制的特点，提高了系统的自治性和可靠性，节省了大量信号电缆和控制电缆。因此，使用现场总线网络比较适应分布式、开放式的发展趋势。当然，现场总线控制系统主要是要有分散在被控对象现场的智能传感器、智能仪表、智能执行机构的支持，而目前在水电站中这些元件还是大量的旧式的装备，只能逐步过渡，最后取代旧式的数字/模拟混合装备和技术，形成全新的全数字式系统。

（2）软件系统平台

应支持软件平台和应用软件包向通用化、规范化发展。为适应开放化、标准化、网络化、高速化和易用化的发展，计算机监控系统中的软件支持平台和应用软件包趋向于通用化、开放化、规范化。从电力行业高可靠性的要求出发，在大中型水电站监控系统中广泛使用 UNIX 操作系统；中小型的水电站因较多采用 PC 架构的计算机，所以较多地采用 Windows 操作系统。在数据库方面由于商用数据库对电力生产控制的实时性要求还难以充分满足，因此，目前较为广泛采用的专用实时数据库和商用历史数据库相结合的形式还会继续存在。由于部分数据库的专用性带来了变换数据的不便，在现今电力行业推进信息化数字化建设的大背景下它的不适应性就凸显出来，较好的办法是遵循统一的标准接口规范，使大家可以在统一的"数字总线"上便捷地进行数据交换。

另外，Web、面向对象的 Java 等技术将越来越多地引入计算机监控系统。例如，在大中型电厂用高性能的 UNIX 工作站或服务器作为全系统的主控机和数据服务器，而用 PC 机作操作员站，由 Java 一次编译、多处运行的特性，加上 Web 技术的支持，不仅可轻松地在操作员站、主处理器等监控系统内的节点获得同样的人机界面，更可在厂长、总工办公室、生技科等厂内 PC 联网的地方直接浏览到同样的界面，甚至于在任何地点经电话接入后也可以浏览到同样的界面。

功能强大的组态工具，用户无需对操作系统命令深入了解，也不需要复杂的编程技巧，不论是在 UNIX 系统上还是在 Windows 系统上，都可通过组态界面十分方便地完成。顺序控制流程生成、检测、加载等各种功能的应用以及维护，很多功能只须点击鼠标进行选择，既快捷方便，又避免了使用编辑程序难免产生的输入错误，真正体现了主系统服务的面向对象、可靠、开放、友好、可扩展和透明化。

（3）应用系统

计算机技术发展到今天，其性能越来越高，而其价格却越来越低，其应用也越来越广泛。随着无人值班工作向纵深的发展，也向计算机监控系统无论是系统结构上，还是功能上都提出了进一步的要求。

历史数据库系统是监控系统的一个组成部分，只是将原来监控系统中需要历史保存的数据、事件和相关信息进行分门别类地存放在商业数据库中，供需要时进行查询、打印或备份。历史数据库系统以单独的计算机来实现，具有美观的人机界面、方便的操作方式和丰富多彩的显示形式。这样的配置既减轻了监控系统的负担，简化了监控系统的软件复杂性，也增加了监控系统的实时性，还能通过标准数据库接口与其他系统互联。

效率监测系统，使得水轮机效率的实时监测对电站的经济运行有着重要的作用。水轮机的在线监测既可用于水电站机组在安装竣工或大修结束后的现场验收试验，以便检查设计、制造、安装和检修质量是否满足要求，又能通过对机组运行性能进行长期连续监测，提供在不同的水流和工况条件下水轮机性能的实时数据，为确定电厂经济运行中的开机台数和负荷优化分配以及机组的状态检修等提供参考。因此，水轮机效率在线监测一直是实现电厂经济技术指标考核和经济运行的一个重大科技攻关课题。随着计算机、通信、信息、测控等一系列新技术的迅速发展和在电厂的应用，给效率在线监测项目的开发提供了成熟的技术基础。在保证安全运行，满足电力系统要求的基础上，不断提高水资源利用率，设备可用率，减少运行和维护费用，已成为每个电厂迫切需要开展的工作，以提高自身竞争力面向市场的重要目标。

状态检修系统，这是水电站的一个热门课题，设备状态检修和设备运行寿命评估，既是设备检修工作发展的必然趋势，也是一项技术性很强的系统工程。状态检修主要利用现代化先进的检测设备和分析技术对水电站主设备的某些关键部位的参量。在实施中，它可作为一个相对独立的系统，但目前国内大多数水电站都有了较完善的计算机监控系统，集聚了大量监测设备，从节省投资与实际应用的角度来看，状态检修系统与监控系统之间有大量的数据需要共享，在考虑状态检修系统时应与已建成的监控系统作统筹考虑，使两者有机地结合起来，既可省去一些重复部件的投资，又可以使运行管理人员在执行实时生产控制时，随时监视到生产设备的健康状态，以合理地确定设备所承担工作负荷的大小。同时，也可以由经济生产调度软件根据这些数据自动地考虑一下设备的健康与工作负荷问题，使生产调度更合理。

3. 发展趋势

随着电力系统对可靠性、经济性以及现代化管理水平的要求不断提高，特别是计算机的性能价格比不断提高，水电站采用计算机监控系统，并进一步对水电站进行远方集中控制将成为必然的发展趋势，其发展方向为：

（1）以无（少）人值班为目标的计算机监控系统将迅速发展

目前随着电力工业的发展、改革开放的深化，加快水电站的技术改造，尽快实现无人值班的迫切任务已提上了日程。对于单独运行水电站而言，实施计算机监控系统是实现无人值班的必要条件，而无人值班的要求又对计算机监控系统提出了更加深入、更高的技术要求。例如，监测设备更全面，测试参数更多，与消防系统的接口要求工作更可靠，保护措施更完善等。水电站进行远方集中控制，可以集中调度和充分利用该流域的水利资源，做到最优发电和获得最好的经济效益，同时由于集中控制，水电站可以做到无人值班，从而达到减员增效的目的。

（2）现场总线技术将得到广泛应用

基于现场总线技术已在工业过程控制领域得到了广泛的应用，现场总线具有十分突出的优点：采用现场总线可以大大减少安装连线，节省安装和维护成本；由于现场总线基于数字信息传输，而模拟信号在现场就地变换，因而可以进一步提高测量和控制精度；现场总线是双向的，采用它以后使得远程维护成为可能。由于上述优点，使得现场总线一经投入水电站计算机监控系统就取得了良好的效果。随着现场总线技术的不断发展，基于现场总线的分布式全开放系统必将成为水电站计算机监控系统今后发展的主流。

（3）网络化是水电站监控系统的主要发展趋势

数字技术已经开始应用于电站中，在操作层，机组时序控制及监视由 PLC 保证；在控制层，老式的模拟机被工作站和 PC 机代替。在整个通信链的两端，一端为传感器和执行文件在底层，另一端为显示屏幕和打印机在高层，信息在这些层之间是通过串联方式连接的局域网。

（4）人工智能专家系统在水电站监控系统中的应用渐趋成熟

随着使用经验的积累，人工智能专家系统在水电站智能报警、事故分析和处理、主轴设备运行状态监视与智能分析方面正逐渐完善，并发挥着越来越重要的作用。在智能报警方面，人工智能专家系统一方面对收集到的事件信息进行压缩处理，保留重要的信息，屏蔽重复的甚至无关的信息；另一方面对信息的真伪进行判别，鉴别信息是否真正反映电厂设备故障或是变送器和信号回路错误信号。事故分析则根据若干事件信息判断故障和事故的性质甚至部位，做出处理的决策。主辅设备状态监视与智能分析能根据检测的数据和状态进行智能分析、判断，例如，发电机烧坏、系统跑油、水泵油泵效率低，自动化元件故障等设备故障。另外，对主设备的运行监视除掌握运行参数是否正常、保护信号是否错误外，还应能诊断出事故的征兆，将事故消除在萌芽状态，为无人值班创造条件。

（5）多媒体技术在水电站计算机监控系统中的应用更加广泛

多媒体技术是指能够同时采集、处理、编辑、存储两个以上不同类型信息媒体（如文字、声音、图形、图像等）的技术。经过约十年的迅速发展，多媒体技术已进入实用阶段。将音频、视频、图像和计算机技术集成到同一数字环境中的多媒体计算机已经获得广泛的应用。如同网络、开放系统、工作站等新技术对电厂监控系统产生的影响一样，多媒体技术必将为监控系统开辟新的应用。同时，利用动画功能和可视化技术可使显示画面更加直观、形象、逼真，例如，在综合运转特性曲线画面上形象地显示机组运行点，一目了然地表现机组运行工况、效率、出力限制等。视像功能的应用可使监控系统中增加工业电视所采集的现场视像信息，不但可实时监视现场有关设备情况，还可以通过保存、重放事故前后记录的事故现场实况的景象信息，为事故分析提供更多手段。

三、变电站综合自动化

变电站综合自动化一直是我国电力行业的热点之一。变电站综合自动化是将变电站二次设备（包括测量仪表、信号系统、继电保护、自动装置和运动装置等）经过功能的组合和优化设计，利用先进的计算机技术、现代电子技术、通信技术和信号处理技术，实现对全变电站的主要设备和输配线路的自动监视、测量、自动控制和微机保护。它具有功能综合化、结构微机化、操作监视屏幕化、运行管理智能化等特征。

1. 发展历程

变电站自动化的发展可分为以下三个阶段：

（1）传统的变电站运行方式

20世纪80年代早期，变电站的保护设备还是以晶体管、集成电路为主。变电站二次设备均按传统方式布置：控制屏实现站内监控，保护屏实现电力设备保护，远动设备实现实时数据采集。它们各司其职、互不相连，供电质量缺乏科学的保证，维护工作量大，设备可靠性差。

（2）远动RTU方式

20世纪80年代中、后期，随着微处理器和通信技术的发展，利用微型机构成的远动装置（简称RTU）的功能和性能有很大提高，该方式在原常规有人值班变电站的基础上在RTU中增加了遥控、遥调功能，站内仍保留传统的控制屏、指示仪表、光字牌等设备。所有信号由RTU集中采集，遥控、遥调指令通过RTU装置硬接点输出，由控制电缆引入控制回路，但与数字保护不能交换信息，保护动作信号仍须通过继电器接点采集。采用这种方式使二次设备增加，二次回路更复杂，它适用于已建变电站的自动化改造。

（3）综合自动化方式

20世纪90年代数字保护技术（即微机保护）的广泛应用，使变电站自动化取得实质性进展。20世纪90年代初研制出的变电站自动化系统是在变电站控制室内设置计算机系统作为变电站自动化的心脏，另设置一数据采集和控制部件用以采集数据和发出控制命令。微机保护柜除保护部件外，每个柜有一个管理单元，其串行口和变电站自动化系统的数据采集和控制部件相连，传送保护装置的各种信息和参数，整定和显示保护定值，投/停保护装置。此类集中式变电站自动化系统结构紧凑、体积小、造价低，尤其适合35kV或规模较小的变电站。

由于集中式结构存在软件复杂，系统调试麻烦、精度低，维护工作量大，易受干扰，扩容灵活性差等不足，随着计算机技术、网络技术及通信技术的飞跃发展，同时结合变电站的实际情况，各类分散式变电站自动化系统纷纷研制成功和投入运行。分散式系统的特点是各现场输入输出单元部件分别安装在中低压开关柜或高压一次设备附近，现场单元部件可以是保护和监控功能的二合一装置，用以处理各开关单元的继电保护和监控功能，也可以是现场的微机保护和监控部件，分别保持其独立单元部件进行通信联系。通信方式大多数通过 RS-422/RS-85 通信接口相连。但近年来推出的分散式变电站自动化系统更多地采用了网络技术，如 CAN 等现场总线型网络。至于变电站自动化的功能，如遥测、遥信、采集及处理，遥控命令执行和继电保护功能等均由现场单元部件独立完成，并将这些信息通过网络送至后台主计算机，而变电站自动化的综合功能均由后台主计算机系统承担。分散式面向对象的变电站综合自动化系统大大缩小了主控室的面积，可靠性高、组态灵活、检修方便，降低了总投资，目前已成为发展趋势。

2. 存在问题与改进措施

近年来，随着电力工业的不断发展，变电站综合自动化系统的应用越来越广泛，综合自动化技术日益成熟，但在实际应用中还存在一些问题，需要我们去探讨、解决。

（1）设备选型问题及改进措施

针对生产厂家的问题，目前我国市场经济体制还不够成熟，一些厂家过分重视经济利益，用户过分追求技术含量，产品性能得不到足够重视，因而一些技术含量较高，但产品质量较差的所谓高技术产品仍能不断使用，导致部分投产的综合自动化变电站存在缺陷。另外，生产厂家对变电站综合自动化系统的功能、作用、结构及各项技术性能指标宣传和介绍不够，导致电力企业内部专业人员对系统认识不透彻，加之厂家的设计人员又流动频繁，造成工程设计漏洞较多，甚至导致部分变电站自动化系统功能不能充分发挥出来。

对于上述不足，要采取以下有效的措施：坚持按照"运行可靠、功能实用、技术先进、价格合理、维护方便、易于推广"的选型原则去实施，严格执行国电公司下发的有关选型规定，力求做到选型规范化；注重厂家售后服务，目前生产综合自动化设备的厂家竞争激烈，产品更新换代快，人员流动也频繁，因此，要求厂家具有相当的技术实力，有一定运行业绩和完整的质量保证体系，完善的售后服务体系，保证提供长期技术支持和备品更换也是很重要的；各地区电力系统内采用的变电站综合自动化系统型号不能太多，各电压等级的自动化系统不宜超过 3 种，否则不仅会给设计、运行、维护工作带来不便，也不利于专业人员的培训、掌握。

（2）不同产品的接口问题

接口问题是综合自动化系统中非常重要且又长期以来未得到妥善解决的问题之一，包括 RTU 与通信控制器、保护与通信控制器、小电流接地装置与通信控制器、故障录波与通信控制器、无功装置与通讯控制器、通信控制器与主站、通信控制器与模拟盘等设备之间的通信。这些不同厂家的产品要在数据接口方面沟通，需要花费软件人员很大精力去协调数据格式、通信规约等问题。如果所有厂家的自动化产品的数据接口都遵循统一的、开放的数据接口标准，则上述问题可得到圆满解决。

（3）抗干扰问题及应对措施

综合自动化系统在正常运行时，一方面要求系统本身具备符合要求的抗干扰能力；另一方面在变电站的设计和建设中要尽可能采取必要的措施，降低电磁干扰，而屏蔽电缆的正确使用可以有效防止电磁干扰。同时，电缆沟的设计，要尽可能使电缆沟路径远离变压器中性点及避雷针、避雷器等高频暂态电流的入地点，并尽量不要平行于高压线，以最大限度地减小这些强电源对电缆沟内控制电缆的干扰。在电缆沟内，控制电缆与电力电缆应保持尽可能大的间距，减弱电力电缆发生因不对称故障产生的强磁场对控制电缆的干扰。

另外，敷设接地铜排构造等电位面。在控制室各综自屏下敷设一根 100mm 的接地铜排，沿屏环绕一周，形成一个有利于屏蔽干扰的等电位面网，条件允许的情况下应在全站主电缆沟两边电缆支架的最上层均敷设 100mm 铜排，一方面为紧邻的高频同轴电缆提供理想的屏蔽支援，同时也给下层的控制电缆提供附加的屏蔽效应。将控制室各综自屏的屏内接地小铜排，再用 40mm 的多股铜线与电缆层中的 100mm 接地铜排相连，从而消除各屏内设备之间的电位差，屏蔽各种可能的干扰。

电流互感器二次回路有且只有一点接地。《继电保护和安全自动装置技术规程》（DL400-91）中明确规定：甩流互感器的二次回路应有一个接地点，并在配电装置附近经端子排接地。但对于有几组电流互感器连接在一起的保护，则应在保护屏上经端子排接地。这一规定已为专业人员所理解并在变电站内认真地加以落实。电压互感器二次回路一点接地，随着变电站抗干扰措施研究的深入，以及电压互感器多点接地而造成保护不正确动作事故的多次发生，电压互感器二次回路必须一点接地也越来越受到重视，在《继电器保护和安全自动装置技术规程》（DL400-91）和《电力系统继电保护及安全自动装置反事故措施要点》（电安生〔1994〕191号）中都有明确规定。不难理解，若电压互感器二次回路多点接地，当发生接地故障时，各接地点电位漂移，二次电压发生畸变，畸变的电压引入保护装置则可能引起阻抗元件拒动或误动，而采取几组电压互感器二次回路只在控制室一点接地，避免了"零点漂移"电位差引入保护装置，从而排除了保护不正确动作的可能性。

电压互感器的不同二次绕组各回路应相互独立。电压互感器的不同二次绕组引至控制室接地点的电缆不允许共用电缆芯。具体来说就是对于电压互感器二次开口三角绕组不允许与星形绕组的接地回路共用电缆芯，从而造成接地零序保护拒动或误动。

（4）小电流接地系统接地选线

我国35kV及以下电压等级的电网中性点一般采用不接地或经消弧线圈接地方式，即小电流接地系统。据电力运行部门的故障统计，小电流接地系统中单相接地故障发生率最高，约占总数的80%，小电流接地系统发生单相接地故障时不形成短路回路，只是经线路对地电容形成较小电流通路，电网线电压仍然对称，通常规程允许带故障运行1~2小时。但发生单相接地后，非故障相电压升高为线电压，而且间歇性弧光接地可能引起电弧接地过电压，对系统绝缘有威胁，容易扩大为相间短路，因此，应尽快查找故障位置，清除故障，综合自动化系统中必须加设选线装置。

工程设计中首先应考虑采用综合自动化设备进行单相接地选线，应用自动化技术进行单相接地故障的处理是发展方向。在出线装有零序电流互感器或架空出线装有三相电流互感器的情况下，首选基波或谐波相位原理的选线装置；在架空出线装有两相电流互感器的情况下，采用"S注入法"原理的选线装置。对于综合自动化系统没有将乌相接地选线功能容纳进去的综自站，应加装独立的微机型小电流监控终端机，在大规模应用自动化技术进行单相接地故障的处理时机还未成熟的情况下，采用独立的带有远动和通信功能的小电流接地选线装置是一种较实用的选择。

（5）配置方案

对室内安装的中、低压开关柜，其二次保护、计量及监控设备可分布安装在开关柜内；对电源进线保护、主变保护、各侧备自投、电压切换、通信主机、接地选线、后台监控、主变高压监控、主变计量、直流系统等均可安装在主控室。中、低压保护计量及监控设备安装在开关柜内，可大大节省二次电缆，由于开关、电流互感器、保护均在开关柜内，运行维护更方便，同时所有二次交、直流线均在开关柜内，可免受外力破坏，还可提高可靠性。

（6）通信主机双重化

实现无人值班化，站端与集控站的通信显得十分重要，它就像人的神经系统，一旦中断将全面瘫痪。目前其通讯方式有载波、光纤、通信电缆、一点多址等，但大部分站端与集控站之间的通信只有一种通信方式，根据部颁要求及城网改造规划，正在新建不同方式的第二通信通道。光有可靠的通信通道，没有可靠的站端通信主机也不能解决根本问题，目前所有站端的通讯主机均为单机系统，若通信主机出现死机或出现故障，所有信息将无法上传。因此，在设计时，应按双机系统设计，并要求两台主机一供一备，若工作机有故障时，在保证不丢掉任何信息的情况下，可自动切换到备用主机上工作。同时，在双通道建成后，在运行通道有故障中断时，也应自动切换到备用通道上，这样就可保证整个系统的双重化。

3. 发展趋势

变电站综合自动化技术发展趋势如下：

保护监控一体化，这种方式在35kV及以下的电压等级中已普遍采用，今后在110kV及以上的线路间隔和主变三侧中采用此方式已是大势所趋。它的好处是功能按一次单元集中化，利于稳定信息采集和设备状态控制，极大地提高了性能效率比。但其目前的缺点也是显而易见的，此种装置的运行可靠性要求极高，否则任何形式的检修维护都将迫使一次设备的停役。这也是目前110kV及以上电压等级还采用保护和监控分离设置的原因之一。但是随着技术的发展，冗余性、在线维护性设计的出现，将使保护监控一体化成为必然。

设备安装就地化、户外化。综合自动化装置将和一次设备整合在一起，其电气的抗干扰性能，设备抗热寒、抗雨雪、防腐蚀等各项环境指标将达到极高的地步。目前的综合自动化装置都是安装在低电压的中置柜上和室内的开关室内，户外的仅是一些实现简单功能的柱上设备。随着高电压等级的推广,其设备都将就地安装在户外的端子箱上,对环境条件要求不高。这种方式最终将带来无人值班变电站或仅设一个控制小室,其最多也就是一台控制显示终端。这将极大地减少各个变电站的二次电缆,使变电站的建设简化、快速,设备调试简单,同时也极大地提高变电站的运行稳定性、可靠性。

人机操作界面接口统一化,运行操作无线化。无人无建筑小室的变电站,变电运行人员如果在就地查看设备和控制操作,将通过一个手持式可视无线终端,边监视一次设备边进行操作控制,所有相关的量化数据将显示在可视无线终端上。在220kV及以上的变电站中,随着自动化水平的提高,电动操作设备日益增多,其操作的防误闭锁逻辑将紧密结合于监控系统之中,借助于监控系统的状态采集和控制链路得以实现。而一座变电站的建设都是通过几次扩建才达到终期规模,这就给每次防误闭锁逻辑的实际操作验证带来难题。如何在不影响一次设备停役的情况下,摆出各种运行状态来验证其正反操作逻辑的正确性。图形化、规范化的防误闭锁逻辑验证模拟操作图正是为解决这一难题而诞生的,其严谨性是建立在监控系统全站的实时数据库之上的,使防误闭锁逻辑验证的离线模拟化成为可能。

就地通信网络协议标准化、强大的通信接口能力、主要通信部件双备份冗余设计(双CPU、双电源等)、采用光纤总线等技术的发展,使现代化的综合自动化变电站的各种智能设备通过网络组成一个统一的、互相协调工作的整体。全站数据标准化,变电站的智能监控装置将无电压等级划分,只是下载参数设置版本不同;全站统一数据库,统一维护组态工具软件,分类分单元下载参数设置数据;其实时运行数据库可通过严密的安全防护措施与整个电力系统实时数据连在一起。数据采集和一次设备一体化,除了常规的电流电压、有功无功、开关状态等信息采集外,对一些设备的在线状态检测量化值,都将紧密结合一次设备的传感器,直接采集到监控系统的实时数据库中。高新技术的智能化开关、光电式电流电压互感器的应用,必将给数据采集控制系统带来全新的模式。

参考文献

[1] 朱绍群. 电气工程中电气自动化的应用 [J]. 南方农机, 2017, 48 (24): 195.

[2] 李亚峰. 刍议电气自动化在电气工程中的应用 [J]. 科技视界, 2014, (27): 84, 139.

[3] 闫海东, 程世伟. 浅析电气工程及其自动化中存在的问题及解决措施 [J]. 科技创新与应用, 2015, (6): 69.

[4] 李明. 电气自动化设备可靠性研究 [J]. 科技与企业, 2015, 11: 196.

[5] 张跃靖. 煤矿自动化发展现状和应对措施分析 [J]. 中国新技术新产品, 2015, (15): 13.

[6] 蒋谦. 电气工程自动化及其节能设计的应用探究 [J]. 科技创新导报, 2014, (27): 76-77.

[7] 林红勇. 浅析电气自动化工程控制系统的现状及其发展趋势 [J]. 科技创新与应用, 2016, (30): 152.

[8] 董小震. 我国电气自动化技术发展现状及趋势探讨 [J]. 科技风, 2011, (13): 171.

[9] 樊航. 电气自动化技术发展趋势探讨 [J]. 技术与市场, 2013, 20 (07): 42, 44.

[10] 蔡自兴. 神经控制器的典型结构 [J]. 控制理论与应用, 1998, 15 (1): 1.

[11] 袁南儿. 计算机控制策略的发展、渗透和复合 [J]. 工业仪表与自动化装置, 1998, (6): 7.

[12] 吴宏鑫, 解永春. 基于对象特征模型描述的智能控制 [J]. 自动化学

报，1999，25（1）：9.

[13] 刘林运，万百五. 定性控制综述[J]. 信息与控制，1998，27（1）：46.

[14] 曹建福，韩崇昭. 非线性控制系统的频谱理论及应用[J]. 控制与决策，1998，13（3）：193.

[15] 袁寿财，朱长纯. 现代交流传动控制技术的回顾与展望[J].PLC&FA光机电信息，2002，（06）：29-37.

[16] 孙久军，张成磊，梁桂华. 电气传动技术的特点及展望[J]. 可编程控制器与工厂自动化，2007，（06）：98-100.

[17] 史敬灼. 步进电动机驱动控制技术的发展[J]. 微特电机，2007，35（7）：50-54.

[18] 陈士进，朱学忠. 步进电动机系统驱动与控制策略综述[J]. 电机技术，2007，（6）：14-17.

[19] 严平，陶正苏，赵忠华. 基于改进单纯形法寻优的步进电动机PID控制系统[J]. 微特电机，2008，36（8）：49-51.

[20] 蔡开龙，谢寿生，张凯. 基于步进电机的神经网络PID控制在恒压供气系统中的应用[J]. 液压与气动，2006，（5）：63-66.

[21] 王晓丹，周国荣. 模糊PID控制的步进电机细分驱动器设计[J]. 自动化与仪表，2008，23（4）：35-38.

[22] 胡俊达，胡慧，黄望军. 基于PIC单片机步进电机自适应控制技术的应用研究[J]. 电机电器技术，2004，（6）：22-23.

[23] 翟旭升，谢寿生，蔡开龙，等. 基于自适应模糊PID控制的恒压供气系统[J]. 液压与气动，2008，（2）：21-23.

[24] 史敬灼，王宗培，徐殿国，等. 二相混合式步进电动机矢量控制伺服系统[J]. 电机与控制学报，2000，4（3）：135-139，147.